Planungsfibel für Aufzugsanlagen

Dieter Unger

Planungsfibel für Aufzugsanlagen

Eine Einführung

Springer Vieweg

Dieter Unger
Rodgau, Deutschland

ISBN 978-3-658-43213-3 ISBN 978-3-658-43214-0 (eBook)
https://doi.org/10.1007/978-3-658-43214-0

Die Deutsche Nationalbibliothek verzeichnet diese Publikation in der Deutschen Nationalbibliografie; detaillierte bibliografische Daten sind im Internet über ► http://dnb.d-nb.de abrufbar.

Planung/Lektorat: Herr. Frieder Kumm
Springer Vieweg ist ein Imprint der eingetragenen Gesellschaft Springer Fachmedien Wiesbaden GmbH und ist ein Teil von Springer Nature.
Die Anschrift der Gesellschaft ist: Abraham-Lincoln-Str. 46, 65189 Wiesbaden, Germany

Das Papier dieses Produkts ist recyclebar.

Vorwort

Diese Planungsfibel soll als Leitfaden bei der Planung von Aufzugsanlagen als Unterstützung dienen. Die Erfahrungen des Autors während seiner Laufbahn sind hier eingeflossen, jedoch soll diese Fibel nicht als Ersatz für einen Fachplaner oder die Planung durch einen Aufzugshersteller angesehen werden. Diese Fibel soll Hilfestellung bei der Vorplanung durch einen Betreiber, einen Fachfremden oder einem Architekten geben, um grobe Fehler zu Beginn eines Projektes zu vermeiden. Diese Fibel erhebt nicht den Anspruch, auf alle notwendigen Punkte und Sachverhalte eingegangen zu sein. Bei der Planung einer Aufzugsanlage muss der Planer so viel wie möglich an Informationen über das Vorhaben erfahren. Nur wenn er ausreichend informiert ist, kann er seinen Auftraggeber, dem Bauherrn umfassend beraten. Nur durch eine sorgfältige Planung können Überraschungen während der Bauphase vermieden werden.

Durch die immer älter werdende Gesellschaft erhalten Aufzugsanlagen in Zukunft immer mehr an Bedeutung im Wohnungsbau. Aus Sicht des Autors sollte jedes Gebäude eine Aufzugsanlage erhalten, sobald es mehr als zwei Geschosse hat. Hierdurch wird nicht nur der Wohnkomfort erhöht, sondern die Wohnungen in den oberen Stockwerken können barrierefrei erreicht werden.

In dieser Fibel wird schwerpunktmäßig auf die Planung von Personen- und Lastenaufzügen eingegangen. Auf Besonderheiten anderer Aufzugsanlagen, beispielsweise nach Maschinenrichtlinie werden nur im begrenzten Maße angesprochen.

Tiefergehende technische Erläuterungen zu den einzelnen Aufzugstypen oder Komponenten werden hier nicht gegeben. Hierfür können sie das Fachbuch „Aufzüge und Fahrtreppen“, erschienen im Springer Verlag heranziehen.

Dieter Unger

Inhaltsverzeichnis

Rechtsquellen Aufzug

D. Unger, *Planungsfibel für Aufzugsanlagen*,
https://doi.org/10.1007/978-3-658-43214-0_1

Bei der Planung, Erstellung und den Betrieb von Aufzugsanlagen in Deutschland werden verschiedene nationale Richtlinien und Normen sowie Europäische Normen angesprochen. Darüber hinaus kann die Anwendung von internationalen Normen sinnvoll sein.

1.1 Deutsches Baurecht

Im Baurecht gibt es verschiedene Fundstellen, die sich mit Aufzügen befassen.

1.1.1 Muster-Landesbauordnung (MLBO)

In Deutschland existieren 16 Landesbauordnungen. Die Grundlage der Landesbauordnungen bildet die Muster-Landesbauordnung, welche von jedem Bundesland übernommen werden sollte. Es gibt jedoch einige Bundesländer, die eine modifizierte Bauordnung veröffentlicht haben und an manchen Stellen davon abweichen. In diesem Kapitel befassen wir uns nur mit der Muster-Landesbauordnung. ◘ Tab. 1.1 zeigt beispielsweise die Unterschiede von drei Anforderungen an Aufzüge der einzelnen Landesbauordnungen. Das bedeutet, dass der Planer immer vor der Planung die aufzugsrelevanten Anforderungen aus der entsprechenden Landesbauordnung sichten muss, in dem die Aufzugsanlage installiert werden soll.

In der Muster-Landesbauordnung gibt es Hinweise zu Aufzügen in § 39 „*Aufzüge*". Dort sind folgende Forderungen enthalten:

- Es müssen eigene Fahrschächte im Innern von Gebäuden vorhanden sein
- In einem Fahrschacht dürfen maximal bis zu 3 Aufzüge untergebracht werden
- Aufzüge ohne eigene Fahrschächte sind zulässig unter folgenden Voraussetzungen:
  a) innerhalb eines notwendigen Treppenraumes, ausgenommen in Hochhäusern;
  b) innerhalb von Räumen, die Geschosse überbrücken;
  c) zur Verbindung von Geschossen, die offen miteinander in Verbindung stehen dürfen;
  d) in Gebäuden der Gebäudeklassen 1 und 2
- Die Fahrschachtwände müssen als raumabschließende Bauteile:
  a) in Gebäuden der Gebäudeklasse 5 feuerbeständig und aus nichtbrennbaren Baustoffen;
  b) in Gebäuden der Gebäudeklasse 4 feuerhemmend;
  c) in Gebäuden der Gebäudeklasse 3 feuerhemmend sein. [1]

1.1.2 Muster-Hochhausrichtlinie (MHHR)

Hochhäuser sind in der Musterbauordnung nach § 2, Abs. 4 Nr. 1 mit einer Höhe von mehr als 22 m definiert. In der Muster-Hochhaus-Richtlinie sind im Abschn. 6.1 Anforderungen an Feuerwehraufzüge, deren Schächte und Vorräume aus Sicht der Bauordnung definiert.

Ist ein Feuerwehraufzug notwendig, müssen die Anforderungen nach der EN 81-20, *Sicherheitsregeln für die Konstruktion und den Einbau von Aufzügen – Aufzüge für den*

Tab. 1.1 Unterschiede von drei Anforderungen an Aufzüge in den einzelnen Landesbauordnungen

	Rauchabzugsöffnung im Schacht der Grundfläche/ Mindestwert	Schild „Aufzug im Brandfall nicht benutzen" an der Haltestelle	Höhe, ab wann ein Aufzug im Gebäude gefordert wird
Baden-Württemberg	2,5 %/0,1 m^2	k.A.	ab 13 m
Bayern	2,5 %/0,1 m^2	k.A.	ab 13 m
Berlin	2,5 %/0,1 m^2	k.A.	ab 4 Geschosse
Brandenburg	5 %/0,2 m^2	HH-RL	ab 13 m
Bremen	2,5 %/0,1 m^2	HH-RL	ab 10,25 m
Hamburg	2,5 %/0,1 m^2	HH-RL	ab 13 m
Hessen	2,5 %/0,1 m^2	HH-RL	ab 13 m
Mecklenburg-Vorpommern	2,5 %/0,1 m^2	HH-RL	ab 13 m
Niedersachsen	2,5 %/0,1 m^2	k.A.	ab 12,25 m
Nordrhein-Westfalen	2,5 %/0,1 m^2	HH-RL	ab 5 Geschosse
Rheinland-Pfalz	2,5 %/0,1 m^2	k.A.	ab 5 Geschosse
Saarland	2,5 %/0,1 m^2	HH-RL	ab 13 m
Sachsen	2,5 %/0,1 m^2	k.A.	ab 13 m
Sachsen-Anhalt	2,5 %/0,1 m^2	HH-RL	ab 13 m
Schleswig–Holstein	2,5 %/0,1 m^2	HH-RL	ab 13 m
Thüringen	2,5 %/0,1 m^2	HH-RL	ab 13 m

Personen- und Gütertransport – Teil 20: Personen- und Lastenaufzüge sowie der EN 81-72, *Sicherheitsregeln für die Konstruktion und den Einbau von Aufzügen – Besondere Anwendungen für Personen- und Lastenaufzüge – Teil 72: Feuerwehraufzüge* eingehalten werden.

Darüber hinaus ist die örtliche Feuerwehr bei der Planung eines Feuerwehraufzuges generell einzubeziehen.

1.1.3 Muster-Beherbergungsstättenverordnung (MBeVO)

Die Muster-Beherbergungsstättenverordnung beschreibt in § 9 (3) Alarmierungseinrichtungen, Brandmeldeanlagen, Brandfallsteuerung von Aufzügen wie folgt:

In Beherbergungsstätten mit mehr als 60 Gastbetten ist die Aufzugsanlage mit einer Brandfallsteuerung auszustatten. Diese muss durch eine automatische Brandmeldeanlage ausgelöst werden. Die Brandfallsteuerung hat sicherzustellen, dass die Aufzüge das nicht vom Rauch betroffene Eingangsgeschoss, ansonsten das in Fahrtrichtung davor liegende Geschoss, anfahren und dort mit geöffneten Türen außer Betrieb gehen. [2]

Wenn eine Brandfallsteuerung benötigt wird, sind die Anforderungen der EN 81-73, *Sicherheitsregeln für die Konstruktion und den Einbau von Aufzügen – Besondere Anwendungen für Personen- und Lastenaufzüge – Teil 73: Verhalten von Aufzügen im Brandfall* zu beachten.

1.1.4 Muster-Versammlungsstättenverordnung (MVStättV)

Die Muster-Versammlungsstättenverordnung beschreibt in § 20 (5) Brandmelde- und Alarmierungsanlagen, Brandmelder- und Alarmzentrale, Brandfallsteuerung der Aufzüge wie folgt:

Versammlungsstätten mit Versammlungsräumen von insgesamt mehr als 1 000 m² Grundfläche müssen die Aufzüge mit einer Brandfallsteuerung ausgestattet sein, die durch die automatische Brandmeldeanlage ausgelöst wird. Die Brandfallsteuerung muss sicherstellen, dass die Aufzüge ein Geschoss mit Ausgang ins Freie oder das diesem nächstgelegene, nicht von der Brandmeldung betroffene Geschoss unmittelbar anfahren und dort mit geöffneten Türen außer Betrieb gehen. [3]

Wenn eine Brandfallsteuerung benötigt wird, sind die Anforderungen der EN 81-73, *Sicherheitsregeln für die Konstruktion und den Einbau von Aufzügen – Besondere Anwendungen für Personen- und Lastenaufzüge – Teil 73: Verhalten von Aufzügen im Brandfall* zu beachten.

1.2 Produktsicherheit

In der Produktsicherheit gibt es folgende Fundstellen, die sich mit Aufzügen befassen:

- Produktsicherheitsgesetz (ProdSG)
- 12. Produktsicherheitsverordnung (12. ProdSV)
- 9. Produktsicherheitsverordnung (9. ProdSV)
- Betriebssicherheitsverordnung (BetrSichV)

1.2.1 Produktsicherheitsgesetz (ProdSG)

Das Produktsicherheitsgesetz vom 27. Juli 2021 (BGBl. I S. 3146), dient der Umsetzung von folgenden Richtlinien:

- der Richtlinie 2006/42/EG des Europäischen Parlaments und des Rates vom 17. Mai 2006 über Maschinen und zur Änderung der Richtlinie 95/16/EG (ABl. L 157 vom 9.6.2006, S. 24, L 76 vom 16.3.2007, S. 35), die zuletzt durch die Richtlinie 2009/127/EG (ABl. L 310 vom 25.11.2009, S. 29) geändert worden ist
- der Richtlinie 2014/33/EU des Europäischen Parlaments und des Rates vom 26. Februar 2014 zur Angleichung der Rechtsvorschriften der Mitgliedstaaten über Aufzüge (ABl. L 96 vom 29.03.2014, S. 251)

Die Umsetzung findet in Deutschland durch das Marktüberwachungsgesetz (MüG) statt, welches am 16. Juli 2021 in Kraft getreten ist. Im Zuge der Einführung dieses Gesetzes musste jedoch das ProdSG geändert werden. Zum einen sind einige Passagen aus dem

ProdSG in das MüG gewandert, zum anderen musste eine Forderung der EU aus dem Jahre 2011 umgesetzt werden, dass der Katalog der überwachungsbedürftigen Anlagen aus dem ProdSG entfernt und in ein eigenes Gesetzt überführt werden soll.

Aus diesem Grund ist das Gesetz über überwachungsbedürftige Anlagen (ÜAnlG) geschaffen worden, welches ebenfalls am 16. Juli 2021 in Kraft getreten ist.

1.2.2 Gesetz über überwachungsbedürftige Anlagen (ÜAnlG)

- **§ 1 Anwendungsbereich**

(1) Dieses Gesetz gilt für die Errichtung, die Änderung und den Betrieb überwachungsbedürftiger Anlagen. Es dient dazu, beim Betrieb überwachungsbedürftiger Anlagen die Sicherheit und den Gesundheitsschutz der Beschäftigten und anderer Personen zu gewährleisten, die sich im Gefahrenbereich einer solchen Anlage befinden.

- **§ 34 Übergangsvorschriften**

(1) Bis zur Bestimmung eines Katalogs überwachungsbedürftiger Anlagen in einer Rechtsverordnung gemäß § 31 Satz 2 Nr. 1 gelten die in § 2 Nr. 30 des Produktsicherheitsgesetzes vom 8. November 2011 (BGBl. I S. 2178, 2179; 2012 I S. 131) in der Fassung der Änderung vom 19. Juni 2020 (BGBl. I S. 1328) genannten überwachungsbedürftigen Anlagen als überwachungsbedürftige Anlagen im Sinne dieses Gesetzes.

Nach § 2 Nr. 30 des Produktsicherheitsgesetzes vom 8. November 2011 zählen Aufzugsanlagen zu den überwachungsbedürftigen Anlagen. [4]

1.2.3 12. Produktsicherheitsverordnung (12. ProdSV)

Zwölfte Verordnung zum Produktsicherheitsgesetz (Aufzugsverordnung – 12. ProdSV) Diese Verordnung dient der Umsetzung der Richtlinie 2014/33/EU des Europäischen Parlaments und des Rates vom 26. Februar 2014 zur Angleichung der Rechtsvorschriften der Mitgliedstaaten über Aufzüge und Sicherheitsbauteile für Aufzüge (ABl. L 96 vom 29.3.2014, S. 251).

Die Inhalte sind identisch mit der Aufzugsrichtlinie.

1.2.4 9. Produktsicherheitsverordnung (9. ProdSV)

Neunte Verordnung zum Produktsicherheitsgesetz (Maschinenverordnung) vom 12. Mai 1993 (BGBl. I S. 704), die zuletzt durch Artikel 19 des Gesetzes vom 8. November 2011 (BGBl. I S. 2178) geändert worden ist, dient der Umsetzung der Maschinenrichtlinie in Deutschland.

1.2.5 Betriebssicherheitsverordnung

Betriebssicherheitsverordnung vom 3. Februar 2015 (BGBl. I S. 49), die zuletzt durch Artikel 1 der Verordnung vom 30. April 2019 (BGBl. I S. 554) geändert worden ist.

Diese Verordnung gilt für die Verwendung von Arbeitsmitteln. Ziel dieser Verordnung ist es, die Sicherheit und den Schutz der Gesundheit von Beschäftigten bei der Verwendung von Arbeitsmitteln zu gewährleisten.

Diese Verordnung regelt die Prüfung von überwachungsbedürftigen Anlagen, zu denen Aufzugsanlagen gehören. In § 3 der Betriebssicherheitsverordnung hat der Arbeitgeber vor der Verwendung der Aufzugsanlage eine Gefährdungsbeurteilung durchzuführen und aus den daraus ermittelnden Gefährdungen geeignete Schutzmaßnahmen abzuleiten.

In § 15 der Betriebssicherheitsverordnung muss der Arbeitgeber vor der erstmaligen Inbetriebnahme eine Prüfung vor Inbetriebnahme (PvI) durchführen.

Weitergehende Hinweise zum Betrieb von Aufzugsanlagen finden sich in der TRBS 3121, *Betrieb von Aufzugsanlagen* und in der TRBS 1201-4, *Prüfung von überwachungsbedürftigen Anlagen – Prüfung von Aufzugsanlagen*.

1.2.6 TRBS 3121 – Betrieb von Aufzugsanlagen

Diese TRBS 3121 konkretisiert im Rahmen ihres Anwendungsbereichs die Anforderungen der Betriebssicherheitsverordnung. Bei Einhaltung der Technischen Regeln kann der Arbeitgeber insoweit davon ausgehen, dass die entsprechenden Anforderungen der Verordnung erfüllt sind. Wählt der Arbeitgeber eine andere Lösung, muss er damit mindestens die gleiche Sicherheit und den gleichen Gesundheitsschutz für die Beschäftigten erreichen.

Diese Technische Regel gilt für Aufzugsanlagen gemäß Anhang 2 Abschn. 2 Nr. 2 der Betriebssicherheitsverordnung (BetrSichV) und beschreibt sicherheitstechnische und organisatorische Anforderungen, die im Hinblick auf die sichere Verwendung von Aufzugsanlagen zu berücksichtigen sind, um den Anforderungen nach der BetrSichV zu genügen.

Bei den in Anhang 1 und Anhang 2 empfohlenen Schutzmaßnahmen handelt es sich um Empfehlungen gemäß § 21 Absatz 6 Nr. 2 BetrSichV, die im Gegensatz zu den in § 21 Absatz 6 Nr. 1 BetrSichV genannten Regeln und Erkenntnissen keine Vermutungswirkung entfalten (vgl. § 4 Absatz 3 Satz 2 BetrSichV). [5]

1.2.7 TRBS 1201 Teil 4 – Prüfung von überwachungsbedürftigen Anlagen – Prüfung von Aufzugsanlagen

Die Technische Regel konkretisiert die Betriebssicherheitsverordnung (BetrSichV) hinsichtlich der Ermittlung und Bewertung von Gefährdungen sowie der Ableitung von geeigneten Maßnahmen. Bei Anwendung der beispielhaft genannten Maßnahmen kann der Arbeitgeber insoweit die Vermutung der Einhaltung der Vorschriften der Betriebssicherheitsverordnung für sich geltend machen. Wählt der Arbeitgeber eine andere Lösung, hat er die gleichwertige Erfüllung der Verordnung schriftlich nachzuweisen.

Dieser Teil der TRBS 1201 konkretisiert die BetrSichV hinsichtlich der Prüfart, des Prüfumfangs und der Prüftiefe für Prüfungen an Aufzugsanlagen nach Anhang 2 Abschn. 2 und nach §§ 15, 16 und 19 der BetrSichV. Er gilt ergänzend zu den Anforderungen der TRBS 1201 „Prüfungen von Arbeitsmitteln und überwachungsbedürftigen Anlagen“. [6]

Tab. 1.2 EN 81-Normenreihe zu Aufzügen

Norm	Inhalt
EN 81-3:2000 + A1:2008 + AC:2009	Sicherheitsregeln für die Konstruktion und den Einbau von Aufzügen – Teil 3: Elektrisch und hydraulisch betriebene Kleingüteraufzüge
CEN/TR 81-10:2008	Sicherheitsregeln für die Konstruktion und den Einbau von Aufzügen – Grundlagen und Auslegungen – Teil 10: System der Normenreihe EN 81
CEN/TS 81-11:2011	Sicherheitsregeln für die Konstruktion und den Einbau von Aufzügen – Grundlagen und Auslegungen – Teil 11: Auslegungen zur Normenreihe EN 81
CEN/TR 81-12: 2014	Sicherheitsregeln für die Konstruktion und den Einbau von Aufzügen. Grundlagen und Auslegungen. Anwendung der EN 81-20 und EN 81-50 in bestimmten Märkten
CEN/TS 81-13	Safe working on lifts
EN 81-20:2020	Sicherheitsregeln für die Konstruktion und den Einbau von Aufzügen – Aufzüge für den Personen- und Gütertransport – Teil 20: Personen- und Lastenaufzüge
EN 81-21:2022	Sicherheitsregeln für die Konstruktion und den Einbau von Aufzügen – Aufzüge für den Personen- und Gütertransport – Teil 21: Neue Personen- und Lastenaufzüge in bestehenden Gebäuden
EN 81-22:2021	Sicherheitsregeln für die Konstruktion und den Einbau von Aufzügen – Aufzüge für den Personen- und Gütertransport – Teil 22: Personen- und Lastenaufzüge mit geneigter Fahrbahn
EN 81-28:2022	Sicherheitsregeln für die Konstruktion und den Einbau von Aufzügen – Aufzüge für den Personen- und Gütertransport – Teil 28: Fern-Notruf für Personen- und Lastenaufzüge
prEN 81-30:2022	Sicherheitsregeln für die Konstruktion und den Einbau von Aufzügen – Aufzüge für den Transport von Gütern – Teil 30: Elektrisch und hydraulisch betriebene Kleingüteraufzüge
prEN 81-31:2022	Sicherheitsregeln für die Konstruktion und den Einbau von Aufzügen – Aufzüge für den Gütertransport – Teil 31: Betretbare Güteraufzüge
EN 81-40:2020	Sicherheitsregeln für die Konstruktion und den Einbau von Aufzügen – Spezielle Aufzüge für den Personen- und Gütertransport – Teil 40: Treppenschrägaufzüge und Plattformaufzüge mit geneigter Fahrbahn für Personen mit Behinderungen
FprEN 81-41:2021	Sicherheitsregeln für die Konstruktion und den Einbau von Aufzügen – Spezielle Aufzüge für den Personen- und Gütertransport – Teil 41: Vertikale Plattformaufzüge für Personen mit eingeschränkter Beweglichkeit
prEN 81-42:2022	Sicherheitsregeln für die Konstruktion und den Einbau von Aufzügen – Spezialaufzüge für die Beförderung von Personen und Gütern – Teil 42: Vertikale Hebezeuge mit geschlossenem Lastträger für Personen und Personen mit Behinderung
prEN 81-44:2022	Sicherheitsregeln für die Konstruktion und Installation von Aufzügen – Besondere Aufzüge für den Transport von Personen und Gütern – Teil 44: Aufzüge in Windenergieanlagen

(Fortsetzung)

Tab. 1.2 (Fortsetzung)

Norm	Inhalt
prEN 81-45:2024	Sicherheitsregeln für die Konstruktion und den Einbau von Aufzügen – Spezielle Aufzüge für den Personen- und Gütertransport – Teil 45: Angetriebene vertikale Plattformaufzüge mit teilweiser Umwehrung des Fahrbereichs für Personen mit eingeschränkter Beweglichkeit Diese Norm befindet sich erst im Aufbau und soll in 2024 in die CEN Umfrage gehen
prEN 81-46:2024	Spezielle Aufzüge für den Personen- und Gütertransport – Teil 46: Angetriebene Plattformaufzüge, die ohne Umwehrung des Fahrbereichs durch Etagenböden fahren und für Personen mit eingeschränkter Beweglichkeit vorgesehen sind Diese Norm befindet sich erst im Aufbau und soll in 2024 in die CEN Umfrage gehen
EN 81-50:2020	Sicherheitsregeln für die Konstruktion und den Einbau von Aufzügen – Prüfungen – Teil 50: Konstruktionsregeln, Berechnungen und Prüfungen von Aufzugskomponenten
EN 81-58:2022	Sicherheitsregeln für die Konstruktion und den Einbau von Aufzügen – Überprüfung und Prüfverfahren – Teil 58: Prüfung der Feuerwiderstandsfähigkeit von Fahrschachttüren
CEN/TS 81-60	Safety rules for the construction and installation of lifts -Examination and test of new lifts before putting into service – Part 60: Specification for means of determining compliance with EN 81-20. Diese Norm befindet sich erst im Aufbau
EN 81-70:2021 + A1:2022	Sicherheitsregeln für die Konstruktion und den Einbau von Aufzügen – Besondere Anwendungen für Personen- und Lastenaufzüge – Teil 70: Zugänglichkeit von Aufzügen für Personen einschließlich Personen mit Behinderungen
EN 81-71:2022	Sicherheitsregeln für die Konstruktion und den Einbau von Aufzügen – Besondere Anwendungen für Personen- und Lastenaufzüge – Teil 71: Schutzmaßnahmen gegen mutwillige Zerstörung
EN 81-72:2020	Sicherheitsregeln für die Konstruktion und den Einbau von Aufzügen – Besondere Anwendungen für Personen- und Lastenaufzüge – Teil 72: Feuerwehraufzüge
EN 81-73:2020	Sicherheitsregeln für die Konstruktion und den Einbau von Aufzügen – Besondere Anwendungen für Personen- und Lastenaufzüge – Teil 73: Verhalten von Aufzügen im Brandfall
prEN 81-76:2022	Sicherheitsregeln für Konstruktion und Einbau von Aufzügen – Besondere Anwendungen für Personen- und Lastenaufzüge – Teil 76: Personenaufzüge für die Evakuierung von Personen mit Behinderungen
EN 81-77:2022	Sicherheitsregeln für die Konstruktion und den Einbau von Aufzügen – Besondere Anwendungen für Personen- und Lastenaufzüge – Teil 77: Aufzüge unter Erdbebenbedingungen
EN 81-80:2019	Sicherheitsregeln für die Konstruktion und den Einbau von Aufzügen – Bestehende Aufzüge – Teil 80: Regeln für die Erhöhung der Sicherheit bestehender Personen- und Lastenaufzüge
EN 81-82:2013	Sicherheitsregeln für die Konstruktion und den Einbau von Aufzügen – Bestehende Aufzüge – Teil 82: Regeln für die Erhöhung der Zugänglichkeit von bestehenden Aufzügen für Personen einschließlich Personen mit Behinderungen

(Fortsetzung)

Tab. 1.2 (Fortsetzung)

Norm	Inhalt
CEN/TS 81-83:2009	Sicherheitsregeln für die Konstruktion und den Einbau von Aufzügen – Bestehende Aufzüge – Teil 83: Regeln für die Verbesserung der Schutzmaßnahmen gegen mutwillige Zerstörung
EN 12015:2020	Elektromagnetische Verträglichkeit – Produktfamilien-Norm für Aufzüge, Fahrtreppen und Fahrsteige – Störaussendung
EN 12016:2018	Elektromagnetische Verträglichkeit – Produktfamilien-Norm für Aufzüge, Fahrtreppen und Fahrsteige – Störfestigkeit
EN 13015:2001 + A1:2008	Regeln für Instandhaltungs-anweisungen
EN ISO 25745-1:2012	Energieeffizienz von Aufzügen und Fahrtreppen- Teil 1: Energiemessung und Konformität
EN ISO 25745-2:2015	Energieeffizienz von Aufzügen und Fahrtreppen – Teil 2: Energieberechnung und Klassifizierung von Aufzügen

1.3 Nationale Normen

In Deutschland gibt es folgende Normen, die Anforderungen an Aufzüge beinhalten:

DIN 18024-1, *Barrierefreies Bauen – Planungsgrundlagen – Teil 1: Öffentlich zugängliche Gebäude*

DIN 18024-2, *Barrierefreies Bauen – Planungsgrundlagen – Teil 2: Wohnungen*

DIN 8989, *Schallschutz in Gebäuden – Aufzüge*

Zusätzlich gibt es noch europäische oder internationale Normen, die vom DIN übernommen wurden:

DIN ISO 8100-30, *Aufzüge für den Transport von Personen und Güter – Teil 30: Aufzüge der Kategorie I, II, III und VI*

DIN EN 17.210, *Barrierefreiheit und Nutzbarkeit der gebauten Umwelt – Funktionale Anforderungen*

1.4 Europäische Normen

In Europa wurden von CEN, Produktnormen (C-Normen) zu Aufzügen erarbeitet. Normen zu Aufzügen fallen unter die Normenreihe EN 81. Nachfolgende Tab. 1.2 zeigt eine Übersicht der EN 81-Reihe.

1.5 Internationale Normen (ISO-Normen)

Tab. 1.3 zeigt ISO-Normen, die bei der Planung und den Betrieb von Aufzugsanlagen eine Anwendung finden können.

Tab. 1.3 ISO-Normen

Norm	Inhalt
ISO 3008-2:2017	Fire-resistance tests – Part 2: Lift landing door assemblies
ISO 4190-2:2001	Lift installation – Part 2: Class IV lifts
ISO 4190-3:1982	Lift installation – Part 3: Class V lifts (service lifts)
ISO 4190-5:2006	Lift installation – Part 5: Control devices, signals and additional fittings
ISO 4344:2022	Steel wire ropes for lifts – minimum requirements
ISO 8100-1:2019	Lifts for the transport of persons and goods – Part 1: Safety requirements for passenger and goods passenger lifts
ISO 8100-2:2019	Lifts for the transport of persons and goods – Part 2: Design rules, calculations, examinations and tests of lift components
ISO 8100-3:2019	Lifts for the transport of persons and goods – Part 3: Requirements from other standards (ASME A17.1/CSAB44 and JIS A 43XX-1/JIS A 43XX-2) not included in ISO 8100-1 or ISO 8100-2
ISO 8100-7:20XX	Safety rules for the construction and installation of lift – Lifts for the transport of persons and goods – Part 7: Control devices, signals and accessibility
ISO 8100-20:2018	Lifts for the transport of persons and goods – Part 20: Global essential safety requirements (GESRs)
ISO/TS 8100-21:2018	Lifts for the transport of persons and goods – Part 21: Global safety parameters (GSP)
ISO/TS 8100-22	Safety requirements for lifts (elevators) – Part 22: Global conformity assessment procedures (GCAPs) – Prerequisites for certification of lifts, model lifts, lift components and lift functions
ISO/TS 8100-23	Safety requirements for lifts (elevators) – Part 23: Global conformity assessment procedures (GCAPs) – Certification and accreditation requirements
ISO/TR 8100-24:2016	Safety requirements for lifts –Convergence of lift requirements
ISO 8100-30:2019	Lift (Elevator) installation – Part 1: Class I, II, III and VI lifts
ISO/DIS 8100-32:2020	Lifts for the transportation of persons and goods -Part 32: Planning and selection of passenger lifts to be installed in office, hotel and residential buildings
ISO 8100-33:2022	Passenger lifts and service lifts – Guide rails for lift cars and counterweights – T-type
ISO 8100-34:2021	Measurement of lift ride quality
ISO/TR 8101-10	Comparison fire fighter lifts
ISO 8102-1:2020	Electrical requirements for lifts, escalators and moving walks – Part 1: Electromagnetic compatibility with regard to emission
ISO 8102-2:2021	Electrical requirements for lifts, escalators and moving walks – Part 2: Electromagnetic compatibility with regard to immunity
ISO 8102-6:2019	Electrical requirements for lifts, escalators and moving walks – Part 6: Programmable electronic systems in safety-related applications for escalators and moving walks (PESSRAE)

(Fortsetzung)

Tab. 1.3 (Fortsetzung)

Norm	Inhalt
ISO 8102-20:2022	Electrical requirements for lifts, escalators and moving walks – Part 20: Cybersecurity
ISO/TR 22201-3:2016	Programmable electronic systems in safety related applications – Life cycle guideline for Programmable Electronic Systems related to PESSRAL and PESSRAE
ISO/DIS 8104-1:2022	Improvement of safety on existing passenger and goods passenger lifts
ISO 14798:2009	Risk assessment and reduction methodology
ISO 18738-1:2012	Lifts – Measurement of ride quality
ISO 22201-1:2017	Programmable electronic systems in safety related applications for lifts (PESSRAL)
ISO/TR 25741-1	Lifts and escalators subject to seismic conditions – Compilation report – part 1 Rule by rule comparison
ISO/TR 25741-2	Lifts and escalators subject to seismic conditions – Compilation report – Part 2: Abbreviated comparison and comments
ISO 25745-1:2012	Energy measurement and verification
ISO 25745-2:2015	Energy calculation and classification of lifts

Literatur

1. Muster-Bauordnung, Fassung November 2002, zuletzt geändert durch den Beschluss der Bauministerkonferenz 22./23.09.2022
2. Muster-Beherbergungsstättenverordnung, Fassung Dezember 2000, zuletzt geändert durch Beschluss der Fachkommission Bauaufsicht vom Mai 2014
3. Muster-Versammlungsstättenverordnung, Fassung Juni 2005, zuletzt geändert durch Beschluss der Fachkommission Bauaufsicht vom Juli 2014
4. Gesetz über überwachungsbedürftige Anlagen v. 27. Juli 2021 (BGBl. I S 3146, 3162)
5. Betrieb von Aufzugsanlagen, TRBS 3121, Ausgabe Oktober 2018, GMBl 2018 S. 942 [Nr. 49]
6. Technische Regeln für Betriebssicherheit, Prüfung von überwachungsbedürftigen Anlagen – Prüfung von Aufzugsanlagen, TRBS 1201-Teil 4, Ausgabe März 2019, GMBl 2019 S. 253 [Nr. 13–16] Änderung: GMBl 2022 S. 526 [Nr. 23]

Planung

D. Unger, *Planungsfibel für Aufzugsanlagen*,
https://doi.org/10.1007/978-3-658-43214-0_2

2

Das nachfolgende Kapitel beschreibt die Planungshinweise, die bei der Planung von Aufzugsanlagen im Neubau eines Gebäudes, beim Bauen im Bestand (nachträglicher Einbau einer Aufzugsanlage oder einer Ersatzanlage) und einer Modernisierung zu berücksichtigen sind.

2.1 Planung im Neubau

In diesem Kapitel sind Fragen enthalten, die ein Planer an den Betreiber stellen kann, um herauszufinden, welche Aufzugsanlage für die Anwendung benötigt wird. Eine Aufzugsanlage kann durch verschieden Kriterien beschrieben werden, wobei diese sich auch überschneiden können.

Die nachfolgende ◘ Tab. 2.1 beinhaltet Fragen sowie eine kurze Beschreibung der Hintergründe dieser Fragen.

Nachdem nun die in der ◘ Tab. 1.2 genannten Fragen beantwortet wurden, kann mit der Dimensionierung des Fahrkorbs begonnen werden. Dies sollte zuerst erfolgen, da der Fahrkorb wesentlich die Dimensionierung des gesamten Systems beeinflusst. Der Fahrkorb hat eine Masse P sowie eine Nennlast Q. Beides zusammen wird benötigt für die Dimensionierung des Antriebs, die Anzahl der Seile sowie die Größe der Bremsen und nicht zuletzt auch die Bauteile der Steuerung, die den Antrieb ansteuern.

Die folgende ◘ Tab. 2.2 zeigt die Schachtmaße bei Standard-Fahrkörben. Je nach Hersteller differieren die Schachtmaße etwas.

Um den Fahrkorb zu definieren, muss zuerst die notwendige Fahrkorbgrundfläche festgelegt werden. Diese ergibt sich aus der Fragestellung, „Was soll transportiert werden?“. Aus der Grundfläche wird die Nutzlast ermittelt. Bei Standardaufzügen können die Angaben aus der ◘ Tab. 2.2 entnommen werden. Ergeben sich jedoch Fahrkorbgrundflächen, die sich außerhalb der Standardmaße bewegen, so kann mit Hilfe der EN 81-20, Tab. 2.3 aus der Fahrkorbgrundfläche die erforderliche Nutzlast ermittelt werden. ◘ Abb. 2.1 zeigt die unterschiedlichen Bezeichnungen im Schacht, wobei nachfolgende Bezeichnungen wie folgt definiert sind:

- Schachtkopf, Maß von OKFF der obersten Haltestelle bis zur Unterkante Schachtkopfdeckel
- Schachtgrube, Maß von OKFF der untersten Haltestelle bis zum Schachtgrubenboden
- Förderhöhe, Maß von OKFF der untersten Haltestelle bis OKFF der obersten Haltestelle

◘ Abb. 2.2 zeigt anschaulich die Bezeichnungen der Größen im Schacht.

Bei der Gestaltung des Fahrkorbs müssen nun die Materialien der Wände, des Fußbodens und der Fahrkorbdecke ausgewählt werden. Die Materialauswahl beeinflusst wesentlich das Gewicht des Fahrkorbs.

Um auf Eingeschlossene im Fahrkorb reagieren zu können, wird ein Notrufsystem in der Aufzugsanlage benötigt. Die Anforderungen hierfür finden sich in der EN 81-28, *Sicherheitsregeln für die Konstruktion und den Einbau von Aufzügen – Aufzüge für den Personen- und Gütertransport – Teil 28: Fern-Notruf für Personen- und Lastenaufzüge*

Tab. 2.1 Fragen an den Bauherrn

Frage	Erklärung
Was soll transportiert werden? **Personen,** **... mit Rollstühlen,** **... mit Rollatoren,** **... mit Fahrädern,** **... mit Kinderwagen,** **... mit Einkaufswagen**	Die Kenntnis der Personenanzahl wird benötigt, um die Größe des Fahrkorbs zu ermitteln. Hilfsmittel in Form von Rollatoren oder Rollstühlen sollten generell in einer neuen Aufzugsanlage transportiert werden können. Eine dauerhafte Mitnahme von Bsp. Einkaufswagen (Einkaufszentren) verlangt wesentlich größere Fahrkörbe
Lasten, **... als Paletten,** **... als Rollcontainer,** **... mit Staplerbetrieb**	Die Größe der zu transportierenden Last bestimmt die Größe des Fahrkorbs. Lastenaufzüge erhalten i. d. R. robustere Fahrkorbwände aus lackiertem Stahlblech. Wenn Staplerbetrieb vorgesehen ist, müssen die Türen und die Türschwellen stabiler ausgeführt sein
Welches Volumen (Höhe) hat die Last?	Werden dauerhaft hohe Lasten transportiert, muss das in der Fahrkorbhöhe berücksichtigt werden, um diese Lasten transportieren zu können. Die Höhe des Fahrkorbs beeinflusst auch die Schachtgeometrie. Die Stockwerkshöhe muss hierfür ebenfalls ausgelegt sein
In welchem Gebäude soll die Aufzugsanlage installiert werden?	Wohngebäude, die jeweilige Landesbauordnung ist zu berücksichtigen bzgl. der Anforderungen zur Rauchableitung. Ausstattung je nach Kundenwunsch, Anforderungen der EN 81-20 sind einzuhalten. Je nach Gebäudetyp können weitere Zusatznormen herangezogen werden Bürogebäude, gleichen Anforderungen wie für Wohngebäude, je nach Anforderungen der Landesbauordnung weitere Anforderungen möglich (Muster-Hochhaus-Richtlinie) sowie Anforderungen aus weiteren Zusatznormen. Durchführung einer Verkehrsberechnung zur Ermittlung von Anzahl und Größe der Aufzugsanlagen Krankenhaus, große Fahrkörbe zur Aufnahme von Betten notwendig, mind. 1000 × 1300 mm (13 Personen), Bettenaufzug 1200 × 2400 mm, Anforderungen der EN 81-70 sind zu beachten Schule/öffentl. Gebäude/Flughafen, robuste Ausführung nach EN 81-71 notwendig Versammlungsstätte, wenn Gaststättenbetrieb vorhanden ist, könnten Kleingüteraufzüge nach EN 81-30 notwendig werden Bahnhof, i. d. R. ein Personenaufzug, jedoch zusätzliche Anforderungen von diversen Zusatznormen notwendig Industriebetrieb, robuste Ausführung, Drehtüren/Schwerlasttüren (Empfohlen)
Wie sind die Umgebungsbedingungen des Gebäudes?	Aufzugsanlage in Gewässernähe, Meer, Fluss könnte robustere Fahrkörbe erfordern wie bspw. Fahrkörbe aus V4A. Bei der Planung von hydraulischen Anlagen WHG beachten
Wie ist der Nutzerkreis?	Bewohner eines Wohngebäudes, keine besonderen Vorkehrungen Mitarbeiter in einem Bürogebäude, Verschlüsselung einzelner Etagen oder Zielwahlsteuerung in Kombination mit Zeiterfassungssystem möglich Schüler/öffentlicher Personenverkehr, robuste Ausführung des Fahrkorbs (Vandalismus) Wechselnde Nutzer (Einkaufszentren), robustere Ausführung des Fahrkorbs

(Fortsetzung)

Tab. 2.1 (Fortsetzung)

Frage	Erklärung
Wer schließt den Potentialausgleich in der Grube an (Erdung der Führungsschienen)?	Dies ist i. d. R. keine Leistung der Aufzugsunternehmen, da sie keine Kenntnisse des Gebäudenetzes haben. Der Anschluss muss zur Inverkehrbringung vorhanden sein. Es muss geklärt werden, wer diese Leistung übernimmt. Der Gebäudeeigentümer oder dessen Elektrounternehmer muss die Art der Gebäudenetzform mitteilen
Wer bestellt den Telefonanschluss für das Notrufsystem?	Zur Inverkehrbringung muss ein funktionierendes Notrufsystem vorhanden sein. Nach der Inverkehrbringung gemäß europäischem Recht muss die Prüfung vor Inbetriebnahme (PvI) nach Betriebssicherheitsverordnung (BetrSichV) gemäß nationalem Recht erfolgen. Die Aufschaltung an eine ständig besetzte Stelle wird geprüft und muss vorhanden sein
Wo soll der Notruf aufgeschaltet werden?	Bei der PvI muss der Notruf auf eine ständig besetzte Stelle (24/7) aufgeschaltet sein. Der Betreiber muss dies festlegen und ggfs. beauftragen
Welche Montagetechnik soll verwendet werden?	Einige Hersteller können eine gerüstlose Montage anbieten. Sollte dies nicht möglich sein, müssen Rüstungen an jeder Haltestelle vorhanden sein. Dies ist keine Leistung des Aufzugsherstellers und muss vom Betreiber beauftragt werden. Der Aufzugshersteller kann jedoch diese Leistungen bei Beauftragung übernehmen
Wer beauftragt die notifizierte Stelle zum Inverkehrbringen der Anlage nach EU-Recht?	Dies ist i. d. R. keine Leistung des Aufzugsherstellers und muss separat beauftragt werden, bzw. kann in das Angebot integriert werden. Dies muss vor der Auftragsvergabe vereinbart werden
Wer beauftragt die zugelassene Überwachungsstelle (ZÜS) zur Prüfung vor Inbetriebnahme (PvI)?	Dies ist i. d. R. keine Leistung des Aufzugsherstellers und muss separat beauftragt werden, bzw. kann in das Angebot integriert werden. Dies muss vor der Auftragsvergabe vereinbart werden
Wie soll sich der Aufzug im Brandfall verhalten?	Existiert ein Brandschutzkonzept? Die Vorgaben zum Verhalten der Aufzugsanlage bei Brandentstehung müssen eingehalten werden (Anforderungen nach EN 81-73)
Wie soll sich der Aufzug bei Netzausfall verhalten?	Je nach Vorgaben des Brandschutzkonzeptes kann die Aufzugsanlage in die nächstgelegene Haltestelle oder auch in das Erdgeschoss fahren. Bei der Verwendung als Evakuierungs- oder Feuerwehraufzug auch als Dauerbetrieb möglich (Vorhandensein eines Dieselnotstromaggregats)
Sind Signalzustände der Aufzugsanlage an andere Gewerke weiterzugeben (GLT)/von anderen Gewerken zu übernehmen?	Diese Informationen sind notwendig, um mit Planern anderer Gewerke die Schnittstellen abzustimmen
Wer liefert die Stromzufuhr zur Aufzugsanlage?	Der Anschluss der Aufzugsanlage an das Gebäudestromnetz muss zur Inverkehrbringung vorhanden sein. Eine Inverkehrbringung mit Baustrom ist nicht zulässig
Werden zusätzliche Gewerke benötigt?	Müssen Stemmarbeiten oder Kernbohrungen vorgenommen werden, müssen diese Leistungen vorher abgegrenzt oder vereinbart werden

(Fortsetzung)

Tab. 2.1 (Fortsetzung)

Frage	Erklärung
Wie soll der Abschluss zum Flur gestaltet werden?	Sind Mauerumfassungszargen an den Haltestellen vorgesehen oder ist der Schacht komplett offen und muss mit Türportalen geschlossen werden. Welches Material ist vorgesehen?
Wo kann das Material angeliefert und gelagert werden?	Diese Frage sollte vor der Auftragserteilung geklärt werden, evtl. werden zusätzliche Lagerflächen notwendig
Wird eine Schachtentrauchung benötigt und wer liefert diese?	Je nach Anforderungen an das Gebäude kann es notwendig sein, die Schachtentrauchungsöffnung nach Landesbauordnung temporär zu schließen

Tab. 2.2 Standard-Schachtmaße [1]

Nutzlast/kg	Fahrkorb-Breite/mm	Fahrkorb-Tiefe/mm	Schacht-Breite/mm	Schacht-Tiefe/mm
630	1100	1400	1500–1700	1700–1900
800	1350	1400	1700–1900	1700–1900
1000	1100	2100	1500–1700	2300–2500
1600	1400	2400	2000–2300	2500–2800

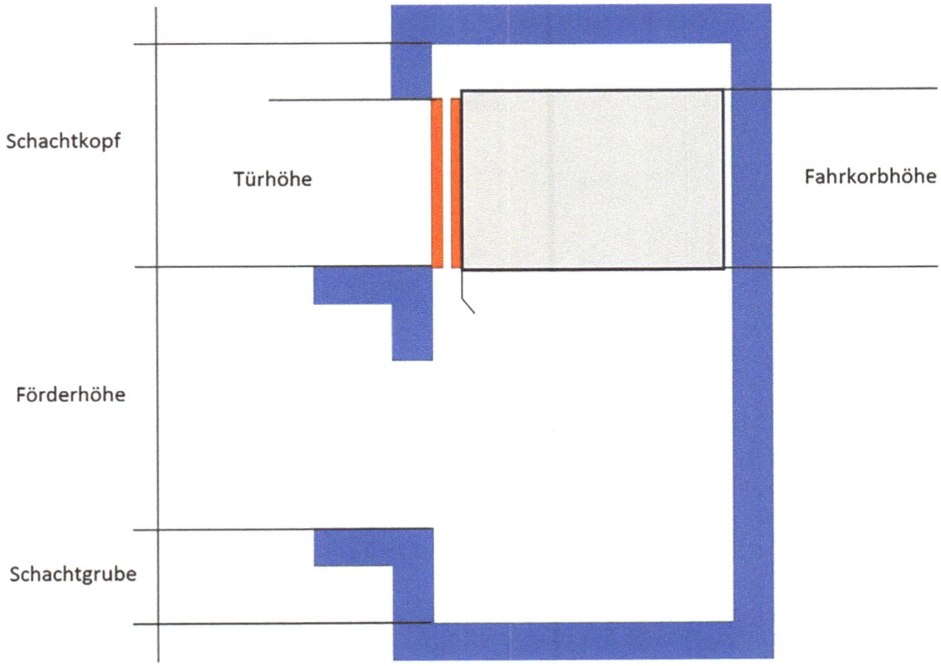

Abb. 2.1 Schachtbezeichnungen. (Quelle: Autor)

2

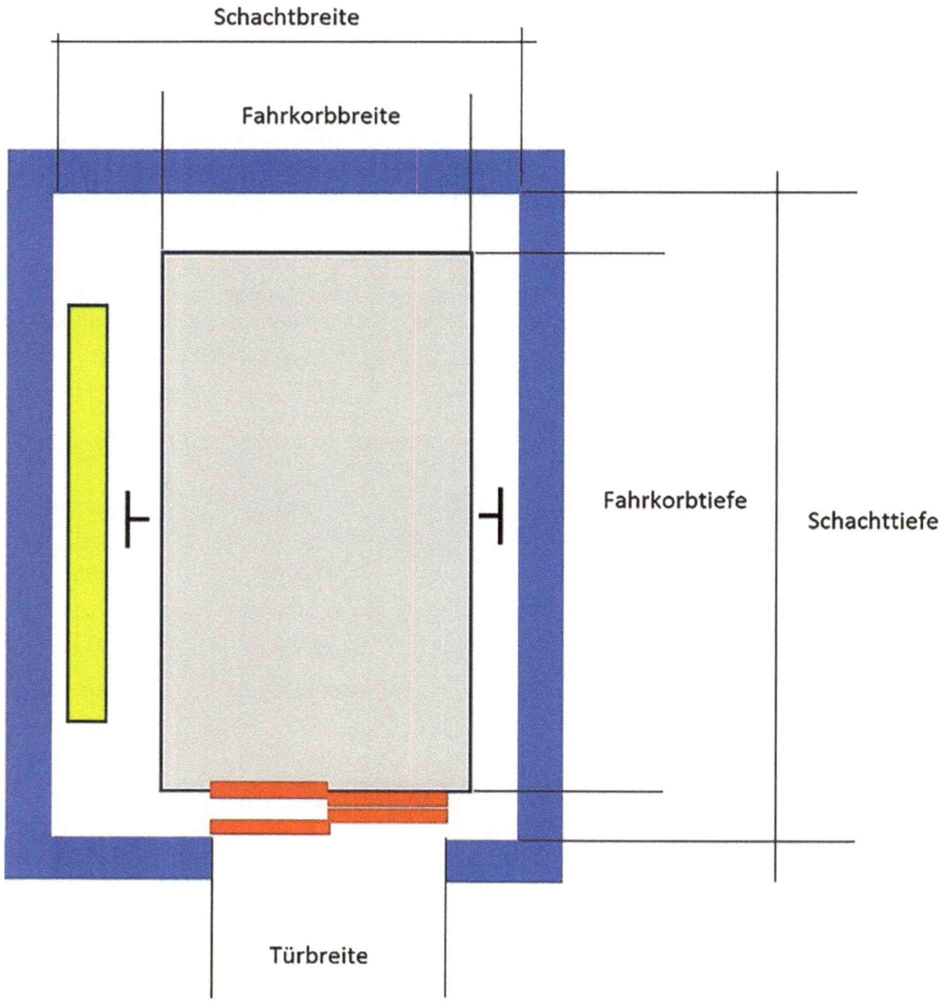

Abb. 2.2 Größen im Schacht. (Quelle: Autor)

2.1.1 Personenaufzüge

Standardmäßig werden Wände aus Edelstahl vorgesehen. Wenn die Wände aus Glas hergestellt werden, erhöht sich das Gewicht des Fahrkorbs wesentlich im Vergleich zu Fahrkorbwänden aus Edelstahl.

Bei der Auswahl des Fahrkorbbodens können neben einfachen Böden aus PVC auch Steinfußböden realisiert werden. Die Aufzugshersteller bieten hierfür eine Änderung des Fahrkorbbodens an, indem dieser um ca. 3 cm abgesenkt angeliefert wird (abhängig vom Hersteller kann dieser Wert auch differieren). Dadurch ist es möglich, bauseitig einen Stein- oder Fliesenbelag in den Fahrkorb einzubringen, um z. B. im Fahrkorb den gleichen Belag zu haben wie beispielsweise im Flur.

Achtung: Das Gewicht des Steins oder der Fliesen muss vom Bauherrn dem Aufzugshersteller vor der Dimensionierung der Aufzugsanlage mitgeteilt werden, da das Gewicht in die Berechnungen eingeht. Spätere Gewichtsänderungen sind nur schwer oder mit erhöhtem Aufwand (auch finanziell) umsetzbar.

Alternativ kann auch ein mit einem dünnen Steinbelag belegtes Aluminium-Wabenblech verwendet werden. Diese Platten gibt es in den verschiedensten Farben und Größen und werden sowohl für die Fahrkorbwände als auch den Fahrkorbfußboden eingesetzt. Für diese Platten muss der Fußboden vom Aufzugshersteller nicht unbedingt abgesenkt werden (Abhängig vom Hersteller).

Bei der Beleuchtung gibt es standardmäßig eine große Auswahl bei den Herstellern. Abweichungen vom Standard sind jedoch möglich. Sehr oft umgesetzt wird eine Lichtdecke aus einem mattierten Glas in einem Edelstahlrahmen, die man zu Wartungs- und Prüfzwecken abklappen kann, siehe ◘ Abb. 2.3. Das Gewicht der Lichtdecke muss vor der Dimensionierung bekannt sein, da dieses Gewicht ebenfalls in die Berechnungen des Fahrkorbgewichts einfließt. Bei größeren Fahrkörben empfiehlt es sich die Lichtdecke zu teilen, um auch dem Wartungspersonal gute Arbeitsbedingungen zur Verfügung zu stellen. Lichtdecken, die nur mit zwei Personen abgeklappt werden können, erfordern einen Mehraufwand in der Wartung/Reparatur.

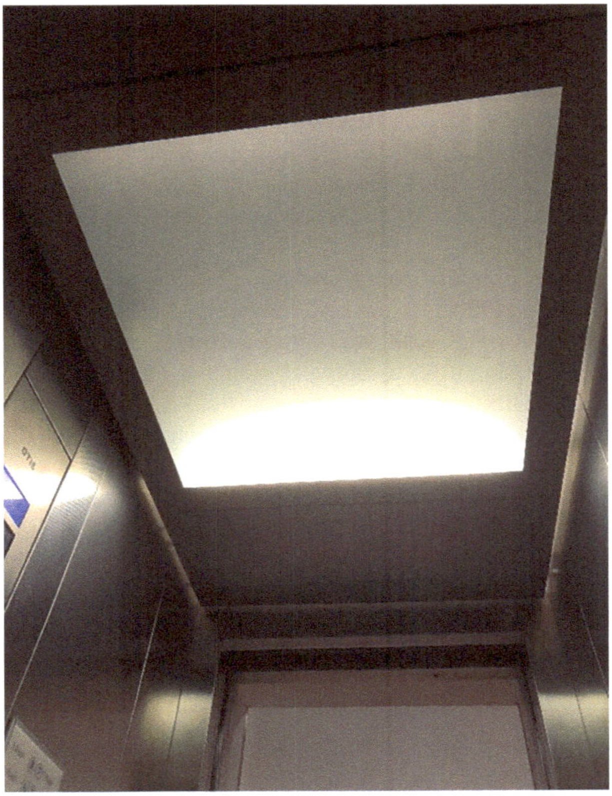

◘ **Abb. 2.3** Lichtdecke mit satiniertem Glas. (Quelle: Autor)

Bei der Auswahl der Türen kommt es darauf an, welcher Platz im Schacht vorhanden ist. Die Verwendung von zentralöffnenden Türen erfordert mehr Schachtbreite. Dies liegt darin begründet, dass bei einer zentralöffnenden Tür sich jeweils ein Türflügel nach rechts und einer nach links bewegt. Bei einer Teleskopschiebetür bewegen sich beide Türflügel nur in einer Richtung, entweder beide nach links oder beide nach rechts.

Achtung: *Die Türöffnungsrichtung muss bei der Planung festgelegt werden. Die Öffnungsrichtung bestimmt die Platzierung der Ruftaster an der Haltestelle, da sie i. d. R. immer an der Schließseite platziert werden. Darüber hinaus gibt es anzumerken, dass eine DIN rechts Tür eine OTIS links Tür ist, da bei OTIS die Türöffnungsrichtung aus Sicht des Fahrkorbs zum Flur definiert wird.*

Bei der Auswahl der Türen muss darauf geachtet werden, dass die Schachttür und die Fahrkorbtür beide vom gleichen Typ sind. D. h., beide Türen müssen entweder Teleskopschiebetüren oder zentralöffnende Türen sein. Eine Mischung der beiden Türtypen funktioniert aufgrund der Türmechanik nicht. Überwiegend werden die Türen aus Edelstahl hergestellt. Edelstahl ist robust und pflegeleicht. Türen zum bauseitigen Lackieren können auch hergestellt werden.

Wenn aufgrund der Ausstattung des Fahrkorbs Glasschiebetüren verwenden werden, so ist auch dieses Gewicht für die Berechnung der Aufzugsanlage zu berücksichtigen. Hierbei muss man aber nur das Gewicht der Fahrkorbtür ansetzen, da nur diese am Fahrkorb befestigt ist. Hat man sich auf eine Glastür als Kabinentür entschieden, wird auch eine stärkere Türmaschine notwendig. Die Türmaschine wird auf dem Fahrkorbdach platziert. Eine Glastür erfordert mehr Kraft zum Öffnen, deshalb muss die Türmaschine etwas größer dimensioniert sein. Das Gewicht ist deshalb etwas höher als eine Standardtürmaschine. Auf die verschiedenen Ausführungen von Glastüren wird hier nicht näher eingegangen.

Sind zusätzliche Anforderungen an die Aufzugsanlage vorhanden, so können sich diese auch auf die Gestaltung des Fahrkorbs auswirken. Wenn die Aufzugsanlage behindertengerecht nach der EN 81-70, *Sicherheitsregeln für die Konstruktion und den Einbau von Aufzügen – Besondere Anwendungen für Personen- und Lastenaufzüge – Teil 70: Zugänglichkeit von Aufzügen für Personen einschließlich Personen mit Behinderungen* ausgeführt sein muss, sind zusätzliche Anforderungen an Ruftaster in Größe und Anordnung sowie Anzeigen im Fahrkorb oder an den Haltestellen zu erfüllen. Zusätzliche Handläufe sind vorzusehen, die sich ebenfalls, zwar nur geringfügig, auf das Gesamtgesicht des Fahrkorbs auswirken.

Ist die Aufzugsanlage auch als Feuerwehraufzug nach der EN 81-72, *Sicherheitsregeln für die Konstruktion und den Einbau von Aufzügen – Besondere Anwendungen für Personen- und Lastenaufzüge – Teil 72: Feuerwehraufzüge* auszulegen, ist eine zusätzliche Leiter im Fahrkorb vorzusehen. Diese wird hinter einer Tür im Fahrkorb, wie in ▫ Abb. 2.4 zu sehen ist, versteckt. Das Gewicht der Leiter muss ebenfalls in die Berechnung einbezogen werden.

2.1.2 Lastenaufzüge

Bei der Planung von Lastenaufzügen gelten alle zuvor beschriebenen Punkte. Abweichungen gibt es in der Materialauswahl der Fahrkörbe, da die Fahrkorbwände von Lastenaufzügen i. d. R. mit einfachen Blechwänden, manchmal in einer Farbe oder nur verzinkt, ausgeführt werden.

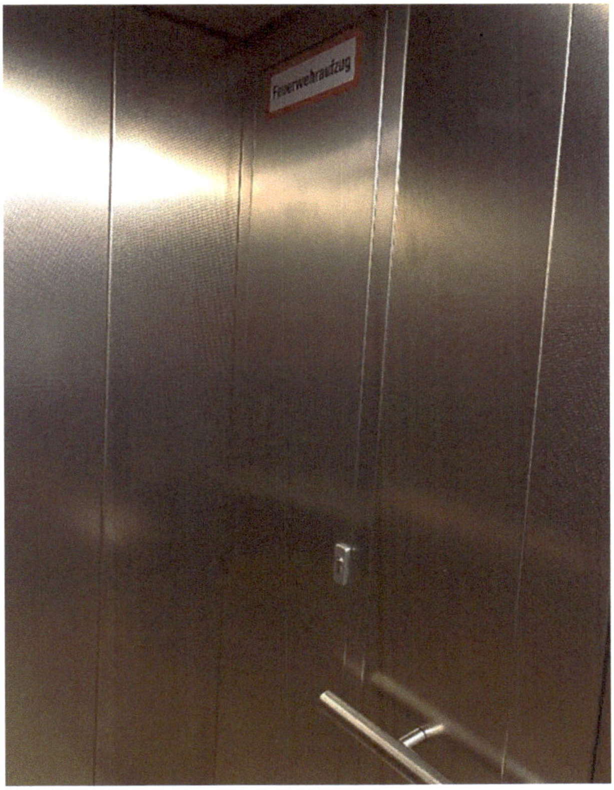

Abb. 2.4 Tür zum Verstauen der Feuerwehrleiter im Fahrkorb. (Quelle: Autor)

Als Fußböden kommen gerne Riffleble che zum Einsatz. Die Decke besteht meistens aus dem gleichen Material wie die Wände. Eine einfache Lampe mit einem energiesparendem Leuchtmittel sorgt für eine normgerechte Ausleuchtung des Fahrkorbs. Ist mit erhöhten Punktlasten zu rechnen, sollten die Türschwellen aus Edelstahl hergestellt sein.

Als Fahrkorbtür ist eine zentralöffnende Tür zu empfehlen. Aufgrund der Dynamik in einem Industriebetrieb ist dieser Türtyp gut geeignet, da sie schneller öffnet als eine Teleskopschiebetür.

Als Schachttüren können sowohl Schiebe- als auch Drehtüren verwendet werden. Bei der Verwendung von Schachtschiebetüren muss der gleichen Türtyp wie für die Fahrkorbtür verwendet werden. Die Planung von Schwerlasttüren hat sich als vorteilhaft erwiesen, da sie robuster sind und auch bei kleineren Beschädigungen an den Türen nicht sofort zu einer Türstörung führen.

Beim Einsatz von Drehtüren muss darauf geachtet werden, dass ausreichend Platz im Aufzugs-Vorraum vorhanden ist, um die Türen öffnen zu können. Als Schachttüren in einem Industriebetrieb, in dem Stapler in die Fahrkörbe fahren, empfiehlt der Autor die Verwendung von Drehtüren. Der Vorraum sollte ausreichend groß genug sein, damit ein Stapler bequem in dem Vorraum gefahren werden kann.

Bei der Benutzung von Staplern im Industriebetrieb ist die Planung von Drehtüren als Schachttüren aus Sicht des Autors zu empfehlen. Durch den Einsatz von Drehtüren im Vergleich zu Teleskoptüren kann der Missbrauch beim Rufen des Fahrkorbs reduziert werden. Dieser kann dadurch entstehen, wenn der Staplerfahrer vom Fahrzeug aus mit seinem ausgestreckten Arm den Ruftaster betätigen kann, ohne dabei vom Fahrzeug zu steigen. Der Fahrer sitzt nicht mehr ordnungsgemäß auf seinem Fahrzeug und kann die Pedale nicht mehr ordnungsgemäß betätigen oder kann abrutschen und das Gaspedal versehentlich bedienen.

Wenn Schiebetüren unbedingt zum Einsatz kommen sollen, dann müssen zusätzliche Ruftaster installiert werden, die bequem vom Stapler bedient werden können und/oder in einer größeren Entfernung vom Aufzug installiert sind.

2.1.3 Auswahl des Antriebs

Nachdem nun der Fahrkorb sowie die Türen definiert wurden, muss festgelegt werden, welche Antriebsart die Aufzugsanlage haben soll. In der EN 81-20 sind folgende Antriebsarten beschrieben:
- Seilantrieb
- Hydraulischer Antrieb
- Trommelantrieb
- Kettenantrieb

In diesem Kapitel wird nur auf den Seil- und hydraulischen Antrieb eingegangen.

Bei einem Seilaufzug gibt es verschiedene Möglichkeiten der Ausführung. Der Antrieb kann:
a) in einem eigenen Maschinenraum über;
b) in einem eigenen Maschinenraum oben neben;
c) in einem eigenen Maschinenraum unten neben

dem Schacht sein.

Ohne Maschinenraum kann der Antrieb:
- dim Schachtkopf;
- ein der Schachtgrube

sein.

Generell sollte man darauf achten, dass der Antrieb nicht überdimensioniert wird. Ein Antrieb, mit einer Nenngeschwindigkeit von 1,6 m/s, sollte in einem Schacht eingebaut werden, der hoch genug ist, dass auch diese Nenngeschwindigkeit physikalisch erreicht werden kann.

Als Tragmittel bei einer elektrischen Seilaufzugsanlage stehen aktuell diverse Seilarten zur Verfügung. Je nach Hersteller werden Stahlseile, Stahlseile mit Kunststoffummantelung oder Gurte angeboten.

Bei hydraulischen Aufzugsanlagen kommen direkt angetriebene Heber oder indirekt angetriebene Heber zum Einsatz. Indirekt angetriebene Heber nennt man auch seilhydraulische Aufzugsanlagen, da der Heber in einer 2:1 Konstruktion mit einer

Umlenkrolle mit Seilen beschaffen ist. Beim direkt angetriebenen Hydraulikaufzug wird der Heber in das Erdreich eingebracht und als Zentralheber eingesetzt.

- **Antrieb in einem eigenen Maschinenraum über dem Schacht**

Bei dieser Ausführung befindet sich der Maschinenraum genau über dem Schacht. Im Maschinenraum befindet sich der Antrieb, der Geschwindigkeitsbegrenzer sowie die Steuerung, wie in ◻ Abb. 2.5 zu sehen ist. Die Komponenten im Maschinenraum sollten so aufgestellt werden, dass ausreichend Arbeitsfläche vor der Steuerung vorhanden ist.

Dies ist auch eine Anforderung der EN 81-20. Die Seile verlaufen durch die Maschinenraumdecke direkt in den Schacht. Je nach Größe des Fahrkorbs wird noch eine Umlenkrolle neben dem Antrieb benötigt. Eine ausreichende Beleuchtung sowie eine Steckdose müssen im Maschinenraum vorhanden sein. Die Erfüllung dieser Anforderungen ist eine bauseitige Leistung.

Sind mehrerer Antriebe in einem Maschinenraum vorhanden, so sind die Antriebe und die zugehörige Steuerung entweder farblich oder mit Symbolen/Buchstaben zu Kennzeichnen. Für eine ausreichende Be- und Entlüftung muss gesorgt werden.

Um im Notfall dem Wartungspersonal die Flucht zu ermöglichen, muss die Tür des Maschinenraums mit einem Panikschloss versehen sein. Bei der Planung der Anlage sollte dies mit dem Bauherrn abgestimmt werden, da es sich hierbei um eine bauseitige Leistung handelt.

- **Antrieb in einem eigenen Maschinenraum oben neben dem Schacht**

Bei dieser Ausführung befindet sich der Maschinenraum nicht direkt über dem Schacht, sondern in einem weiteren Raum neben dem Schacht. Um die Seile vom Maschinenraum in den Schacht führen zu können, wird der Raum über dem Schacht als Rollenraum bezeichnet. Dieser Raum muss auch für Wartungs- und Prüfzwecke zugänglich sein. Diese Ausführung kommt zum Einsatz, wenn der Raum über dem

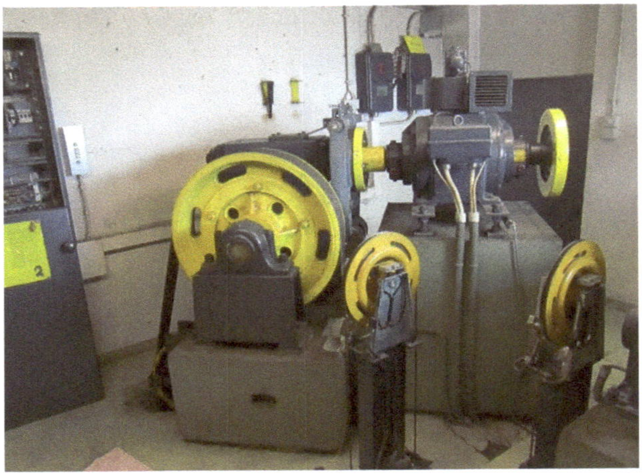

◻ **Abb. 2.5** Maschinenraum oben über mit Antrieb und Geschwindigkeitsbegrenzer (Duplex-Anlage). (Quelle: Autor)

Schacht nicht ausreichend groß genug ist. Alle anderen Anforderungen sind die gleichen wie bei der Ausführung Maschinenraum über dem Schacht.

- **Antrieb in einem eigenen Maschinenraum unten neben dem Schacht**

Bei dieser Ausführung befindet sich der Maschinenraum in der untersten Haltestelle neben dem Schacht. Zwischen dem Maschinenraum und dem Schacht befindet sich der Rollenraum, der einen Zugang für Wartungs- und Prüfzwecke haben muss. Alle anderen Anforderungen sind die gleichen wie bei der Ausführung Maschinenraum über dem Schacht.

- **Antrieb ohne Maschinenraum im Schachtkopf**

Im Wohnungsbau bei Mehrfamilienhäusern wird diese Art von Aufzügen am häufigsten eingesetzt. Im Schachtkopf wird der Antrieb platziert. Je nach Hersteller auf den Führungsschienen oder auf einem separaten Träger, der im Schachtkopf eingebracht wird, zu sehen in ◘ Abb. 2.6. Die Steuerung befindet sich im Schacht oder in einem schmalen Paneel neben der Schachttür in der obersten Haltestelle, zu sehen in ◘ Abb. 2.7. Der Geschwindigkeitsbegrenzer wird ebenfalls im Schachtkopf platziert. Im Gegensatz zur Aufzugsanlage mit Maschinenraum wird hier kein zusätzlicher Raum oberhalb des Schachtes benötigt.

- **Antrieb ohne Maschinenraum in der Schachtgrube**

Es gibt Konstellationen im Gebäude, die erlauben es nicht den Antrieb im Schachtkopf unterzubringen. Dann kann der Antrieb auch in der Schachtgrube untergebracht werden. Zu beachten ist jedoch, dass bei dieser Ausführung die Seile mit wesentlich mehr Umlenkungen durch den Schacht geführt werden als bei einer üblichen Ausführung mit dem Antrieb im Schachtkopf und dadurch die Lebensdauer der Seile geringer ist. Diese Art der Ausführung wird vom Autor nicht empfohlen, wenn damit zu rechnen ist, dass sich die Schachtgrube mit Wasser füllen kann.

Je nach Bauvorhaben ist es schwer zu entscheiden, welche Philosophie man verwendet. Die zuvor beschriebenen Ausführungen haben ihre Vor- und Nachteile. Diese können hier nicht alle benannt werden, da es sehr auf die Anwendung und

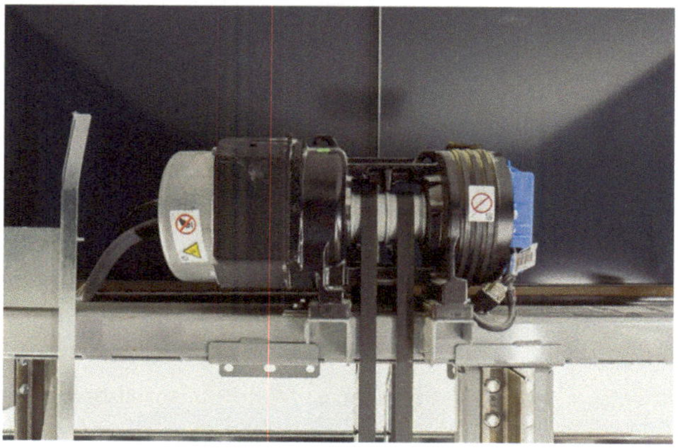

◘ **Abb. 2.6** Antrieb einer maschinenraumlosen Aufzugsanlage. (Quelle: Otis Deutschland)

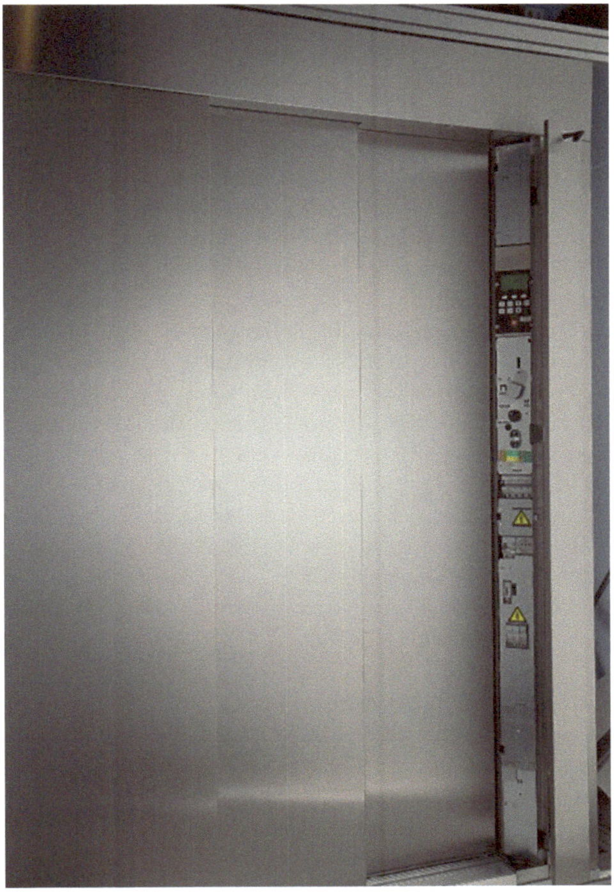

Abb. 2.7 Steuerung in der Türzarge der Schachttür. (Quelle: Otis Deutschland)

die individuelle Art des Gebäudes ankommt. Als Entscheidungskriterium kann man jedoch den zu erwartenden Wartungsaufwand heranziehen. Welcher theoretische Verschleiß wird für die Anwendung bei den verschiedenen Ausführungsarten erwartet. Wie lange können rechnerisch die Seile verwendet werden, bis sie ihre Ablegereife erreicht haben. Hierfür kann vom Hersteller eine Seillebensdauerberechnung übergeben werden, die man zum Vertragsbestandteil macht.

Bei einem hydraulischen Aufzug kann der Maschinenraum:

- a) unten neben dem Schacht oder
- b) in einem Raum weiter weg

sein.

Ohne Maschinenraum:

- a) hinter dem Schacht oder
- b) in der Schachtwand

sein.

Generell ist die Nenngeschwindigkeit des hydraulischen Antriebs nach der EN 81-20 auf 1 m/s begrenzt. Übliche Nenngeschwindigkeiten sind jedoch 0,63 m/s.

■ Antrieb unten neben dem Schacht

Diese Ausführung findet man am häufigsten. Der Maschinenraum grenzt an den Schacht direkt an. Im Maschinenraum sind das Hydraulikaggregat sowie die Steuerung untergebracht. Für eine ausreichende Wartungsfläche vor der Steuerung ist zu sorgen, siehe EN 81-20. Für die bauseitige Ausstattung des Maschinenraums gelten die gleichen Anforderungen wie für Seilaufzüge. Um im Fehlerfall austretendes Hydrauliköl auffangen zu können, muss an der Maschinenraumtür eine Ölleckschwelle vorhanden sein. Die Höhe der Schwelle muss so berechnet werden, dass sich eine komplette Entleerung des Aggregats nicht negativ auswirkt und das komplette Öl im Maschinenraum zurückgehalten werden kann. Zusätzlich muss der Maschinenraum mit einem ölfesten Anstrich in dreifacher Ausfertigung versehen sein. Weitere Einzelheiten sind dem Wasserhaushaltsgesetz zu entnehmen. I.d.R unterstützt sie auch der Hersteller der Aufzugsanlage in diesem Punkt. Zwischen dem Maschinenraum und dem Schacht ist eine Öffnung für den Hydraulikschlauch vorzusehen. Die Maße und die genaue Position legt der Hersteller der Aufzugsanlage fest.

Der Schacht der hydraulischen Aufzugsanlage muss ebenfalls mit einem dreifachen ölfesten Anstrich versehen werden.

■ Antrieb in einem Raum entfernt vom Schacht

Wenn der seltene Fall eintreten soll, dass kein Raum in unmittelbarer Nähe zum Aufzugsschacht vorhanden ist, kann der Maschinenraum auch weiter entfernt vom Aufzugsschacht vorgesehen werden. Hierbei sind folgende Punkte zu beachten:

- die Strecke vom Maschinenraum zum Schacht für den Hydraulikschlauch muss komplett einsehbar sein
- die Strecke vom Maschinenraum zum Schacht muss mit einem Gefälle zum Aufzugsschacht vorgesehen sein
- das Material des Kanals für den Hydraulikschlauch darf austretendes Hydrauliköl nicht aufsaugen können
- das Hydraulikrohr oder der Hydraulikschlauch muss in dem Kanal in einem Stück hergestellt sein. Verbindungen sind nicht zulässig.

■ Aufzugsanlage ohne Maschinenraum mit Antrieb hinter dem Schacht oder in der Schachtwand

Bei einer hydraulischen Aufzugsanlage ohne Maschinenraum verwendet man ein Kompaktaggregat. Dieses Kompaktaggregat besteht aus dem Hydraulikaggregat inklusive einer Ölwanne und einer Steuerung. Alles zusammen untergebracht in einem Schrank. Der Schrank muss wie ein Maschinenraum so beschaffen sein, dass austretendes Hydrauliköl nicht den Schrank verlassen kann.

Das Kompaktaggregat kann hinter dem Schacht aufgestellt werden, entweder in einer Nische mit einer Öffnung über die komplette Höhe des Kompaktaggregats zum Schacht oder nur mit einer Öffnung für den Hydraulikschlauch.

Der Vorteil dieser Lösung liegt darin, dass man keinen kompletten Raum für den Maschinenraum benötigt. Die Wartungsflächen vor dem Aggregat nach der EN 81-20 müssen eingehalten werden. Darüber hinaus muss darauf geachtet werden, dass das Aggregat sich nicht im Fluchtwegbereich befindet. Gerne wird das Aggregat im Treppenhaus im Keller unter der Treppe in einer Nische aufgestellt.

Der Nachteil liegt in der Geräuschentwicklung. Wenn das Kompaktaggregat direkt im Treppenhaus aufgestellt wird, können die Pumpgeräusche als Störend empfunden werden.

An dieser Stelle sollte im Allgemeinen Schluss sein mit der weiteren Definition der Aufzugsanlage durch den Planer. Wenn das Fahrkorbgewicht feststeht, wird der Antrieb dimensioniert sowie der Fangrahmen mit der Bremse. Je höher das Fahrkorbgewicht ist, desto größer müssen auch diese Komponenten ausgelegt sein. Diese Aufgabe wird der Aufzugshersteller übernehmen. Wer dennoch weiter dimensionieren und auslegen möchte, kann sich diverse Berechnungsprogramme bei Komponentenlieferanten zulegen und auch die weiteren Komponenten festlegen. Hier ist jedoch Vorsicht geboten, dass sollte nur ein erfahrener Planer vornehmen.

Wenn nun die Aufzugsanlage in seiner Art und Ausstattung festgelegt wurde, kann der Aufzugshersteller nun die Anlage final dimensionieren und die Anlagenzeichnungen erstellen. Die Anlagenzeichnungen werden den Grundriss des Fahrkorbs mit den Maßen sowie den Schacht zeigen. Darüber hinaus wird ein Anlagenschnitt durch das gesamte Gebäude gezeichnet. Hierfür benötigt der Aufzugshersteller vom Bauherrn die Höhenmaße der einzelnen Stockwerke, und zwar Oberkante Fertigfußboden (OKFF). Diese dürfen sich während der Bauzeit nicht ändern. Änderungen können nur mit erhöhtem Aufwand realisiert werden, da die Führungsschienen im Schacht als auch die Seile für die geplante Förderhöhe der Aufzugsanlage gefertigt werden. Einige Zentimeter können unter Umständen ausgeglichen werden, je nachdem wie ausgereizt das System ist.

Werden die Schachttüren nicht in den Schacht, sondern auf die Etage gesetzt, können auch hier Änderungen der Höhen dazu führen, dass die Türen nicht mehr in die geplanten Öffnungen passen.

Anders sieht es bei einer hydraulischen Anlage aus. Wurde der Hydraulikheber einmal produziert, sind keine Änderungen mehr möglich. Dann muss ein neuer Heber produziert werden.

Im Zeitstrahl der Planung des Gebäudes ist es immer zu empfehlen, zuerst den Aufzugshersteller zu beauftragen, bevor man den Bauunternehmer beauftragt, der das Gebäude baut. Je nachdem, welche Aufzugsanlage man ausgewählt hat, ergeben sich unterschiedliche Schachtmaße. Steht das Maß für den Aufzugsschacht fest, kann der restliche Teil des Gebäudes geplant und festgelegt werden. Wenn man umgekehrt fixe Maße für den Aufzugsschacht vorgibt, kann unter Umständen nicht die gewünschte oder optimal für das Gebäude notwendige Aufzugsanlage eingebaut werden, da unter Umständen nur wenige Hersteller für die fix vorgegebenen Schachtmaße anbieten können.

2.1.4 Beauftragung des Telefonanschlusses

Der Telefonanschluss sollte so früh wie möglich beantragt werden. Vom Zeitpunkt der Bestellung eines Telefonanschlusses bis zum vorhandenen Anschluss können Monate vergehen. Eine Inverkehrbringung einer Aufzugsanlage ohne funktionierenden Notruf ist nicht möglich. Wenn kein Telefonanschluss rechtzeitig vorhanden ist oder wenn kein fester Telefonanschluss gewünscht ist, so besteht auch die Möglichkeit, ein Notrufsystem zu verwenden, dass ohne einen festen Telefonanschluss funktioniert. Es gibt

Notrufgeräte, die mit einer SIM-Karte funktionieren. Es muss nur dafür gesorgt werden, dass am Anlagenort eine ausreichende Netzabdeckung vorhanden ist.

2.1.5 Notbefreiung aus der Aufzugsanlage

Jeder Betreiber muss nach der TRBS 3121, *Betrieb von Aufzugsanlagen* dafür sorgen, dass Notrufe aus dem Fahrkorb von Eingeschlossenen in einer angemessenen Zeit bearbeitet werden. Hierfür muss der Notruf an eine ständig besetzte Stelle geschaltet werden. Diese ständig besetzte Stelle muss dann eine Notbefreiung organisieren.

Die Aufschaltung auf eine ständig besetzte Stelle kann an verschiedene Dienstleister beauftragt werden. Hierbei gibt es folgende Möglichkeiten:

- Aufschaltung auf die ständig besetzte Stelle des Aufzugsunternehmens, sofern vorhanden. Viele Aufzugsunternehmen unterhalten eine solche Stelle und sind 24/7 bereit, eingehende Notrufe aus Fahrkörben entgegenzunehmen.
- Aufschaltung auf ein Sicherheitsunternehmen. Viele Sicherheitsunternehmen unterhalten ebenfalls eine ständig besetzte Stelle, um 24/7 eingehende Notrufe entgegenzunehmen.
- In Krankenhäusern, wo eine ständig besetzte Stelle wie beispielsweise ein Empfang vorhanden ist, kann der Notruf auf diese Stelle geschaltet werden. Es muss jedoch sichergestellt sein, dass immer mindestens ein Mitarbeiter am Empfang anwesend ist, um den Notruf entgegenzunehmen. Aus Erfahrung des Autors ist aber bei diesem Fall die zuständige Überwachungsstelle, die die Anlage gem. BetrSichV als Prüfung vor Inbetriebnahme überprüft, einzubeziehen.

Neben der Aufschaltung auf eine ständig besetzte Stelle muss der Betreiber gem. BetrSichV dafür sorgen, dass auf eingehende Notrufe in einer angemessenen Zeit reagiert wird. Dies wird in der TRBS 3121 unter 3.4 konkretisiert. Diese Leistung kann auch durch einen Dienstleister erbracht werden. Hierbei ergeben sich folgende Möglichkeiten:

- Übertragung der Leistung an den Aufzugshersteller. Viele Aufzugshersteller, die eine ständig besetzte Stelle unterhalten, bieten auch die Personenbefreiung an.
- Übertragung der Leistung an ein Sicherheitsunternehmen.
- Durchführung der Personenbefreiung durch den Betreiber. Der Betreiber muss hierfür geeignete Personen einweisen, die diese Befreiung durchführen. Dies muss dokumentiert werden.

Bei der Auswahl des Dienstleisters ist jedoch darauf zu achten, dass die Notbefreiungsorganisation innerhalb von 30 min gem. TRBS 3121, 3.4.3, Abs. 8, Nr. 10 an der Anlage sein muss. In der EN 81-28 ist unter Anhang B, B.3 eine Zeit bis zum Eintreffen des Notbefreiers von 1 h vorgegeben. Dies ist jedoch nicht bindend für den deutschen Markt. In den einzelnen Staaten unterliegt der Betrieb einer Aufzugsanlage nationalen Regeln, diese haben Vorrang und sind einzuhalten.

2.1.6 Schallschutz im Gebäude

Der Schallschutz ist ein sehr spezielles Thema, auf welches hier nur am Rande eingegangen werden kann. Das Thema Schallschutz hat immer mehr an Bedeutung gewonnen und führt sehr oft zu Streitigkeiten mit den am Bau beteiligten. Eine unsaubere Planung oder eine unsaubere Ausführung kann zu Problemen führen. Dabei ist die Ursachenforschung keine einfache Aufgabe. Ein Fehler wird oftmals der Aufzugsanlage zugeschrieben, die jedoch nicht immer das eigentliche Problem darstellt, auch wenn sie die Geräuschquelle ist. Die Weiterleitung des Geräuschs kann auch durch das Bauwerk begünstigt werden.

Bei der Planung einer Aufzugsanlage sollte man stets darauf achten, dass neben dem Aufzugsschacht keine schutzbedürftigen Räume vorhanden sind. Hierzu zählen u. a. Wohn- oder Schlafräume sowie Unterrichts- oder Arbeitsräume. Die Weiterleitung der Fahr- und Türbewegungsgeräusche einer Aufzugsanlage kann verhindert bzw. vermindert werden durch einen doppelwandig ausgeführten Schacht. Hierbei wird ein Schacht im Schacht mit einem dazwischenliegenden Luftspalt hergestellt. Dabei muss jedoch der Bauunternehmer sehr sorgfältig arbeiten, damit der Spalt zwischen den beiden Wänden nicht mit Materialien verfüllt wird. Diese Schallbrücken würden dann den Zweck dieser doppelwandigen Ausführung negieren.

Weitere Einzelheiten zum Schallschutz an einer Aufzugsanlage sind aus der DIN 8989, *Schallschutz in Gebäuden – Aufzüge* zu entnehmen. Die DIN 8989 gilt für Aufzüge nach der Aufzugsrichtlinie mit einer maximalen Tragkraft von 2500 kg, deren Nenngeschwindigkeit nicht schneller als 4 m/s ist.

2.1.7 Allgemeine Fragen zum Projekt

In welchem Gebäude soll die Aufzugsanlage installiert werden?

In diesem Abschnitt wollen wir kurz auf die Besonderheiten verschiedener Gebäudetypen eingehen. Im Allgemeinen sind die Grundanforderungen gleich und die hier beschriebenen Eigenschaften einer Aufzugsanlage wurde bereits durch die oben gestellten Fragen beschrieben.

Wohngebäude

Die Frage, ob eine Aufzugsanlage in einem Wohngebäude installiert werden muss, stellt sich gemäß Muster-Landesbauordnung erst ab einer Höhe von 13 m ab Fußbodenoberkante. Für diese Gebäude müssen Aufzüge in ausreichender Anzahl für die Aufnahme von beispielsweise Kinderwagen oder Krankentragen geeignet sein. Ab 22 m Höhe ist die Muster-Hochhaus-Richtlinie einzuhalten. Diese fordert, dass der Aufzug eine Fahrkorbgröße hat, die eine Krankentrage aufnehmen kann. Das bedeutet eine Mindestgröße des Fahrkorbs von 1000 × 2100 mm. Darüber hinaus muss dieser Aufzug auch als Feuerwehraufzug nach den Anforderungen der EN 81-72, *Sicherheitsregeln für die Konstruktion und den Einbau von Aufzügen – Besondere Anwendungen für Personen- und Lastenaufzüge – Teil 72: Feuerwehraufzüge* ausgeführt werden. Zusätzlich sind die Anforderungen der örtlichen Feuerwehren zu berücksichtigen.

Weitere Anforderungen können über die bereits genannten gestellt werden. Besteht beispielsweise ein Brandschutzkonzept und die Aufzugsanlage muss im Brandfall eine definierte Haltestelle anfahren, müssen zusätzlich noch die Anforderungen der EN 81-73, *Sicherheitsregeln für die Konstruktion und den Einbau von Aufzügen – Besondere Anwendungen für Personen- und Lastenaufzüge – Teil 73: Verhalten von Aufzügen im Brandfall* angewendet werden.

Generell ist die Planung einer Aufzugsanlage in jedem Mehrfamilienhaus zu empfehlen, auch wenn die erforderliche Höhe nach Musterbauordnung nicht erfüllt ist. Bei einer immer älter werdenden Gesellschaft ist es attraktiver auch Aufzugsanlagen in Wohngebäuden zu haben, um die oberen Stockwerke barrierefrei erreichen zu können. Auch wird es den Wert einer Wohnung in den oberen Etagen bei Vorhandensein einer Aufzugsanlage steigern.

Bürogebäude

Für Bürogebäude gelten die gleichen Grundanforderungen wie für Wohngebäude. Sind Bürogebäude als Hochhäuser geplant, können zusätzliche Anforderungen an die Steuerung gestellt werden. In großen Bürokomplexen sind der Einsatz von Zielwahlsteuerungen wie in der ◘ Abb. 2.8 zu sehen, oft anzutreffen. Üblicherweise setzt man diese Art von Steuerung ein, wenn man Aufzugsgruppen von 4 oder 6 Anlagen in einem Bereich hat. Über eine Zehnertastatur wird die Zielhaltestelle eingegeben und das System ordnet dem Nutzer eine Aufzugsanlage zu, die mit Buchstaben (Beispielsweise A bis F) oder Zahlen gekennzeichnet ist. Dadurch werden die Nutzer bereits im Vorraum der Aufzugsanlagen den einzelnen Aufzügen zugeordnet und somit vorsortiert. Im Fahrkorb ist

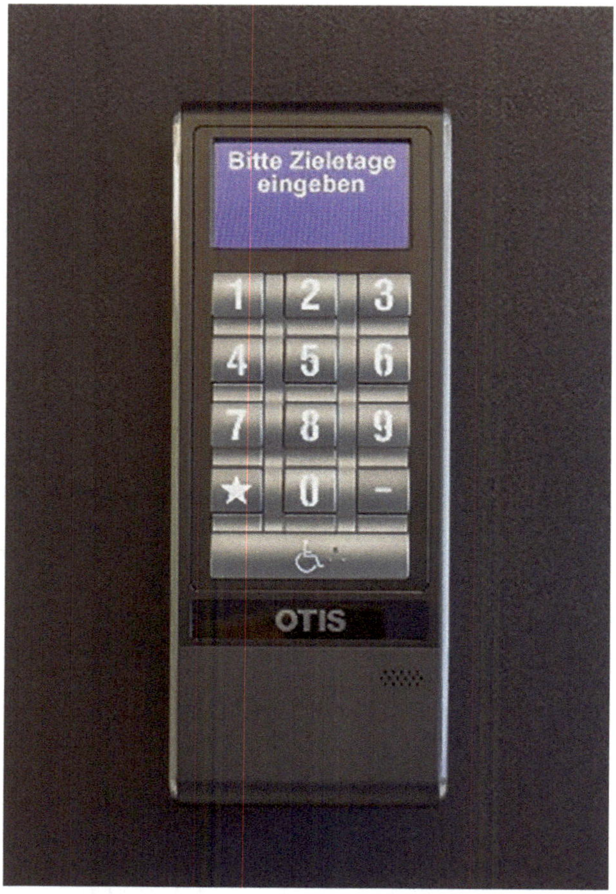

◘ **Abb. 2.8** Zehnertastatur Zielwahlsteuerung. (Quelle: OTIS Deutschland)

dann eine Eingabe einer Haltestelle nicht mehr möglich, da dort kein Fahrkorbtableau mit Ruftastern für die einzelnen Haltestellen mehr vorhanden ist. Sinnvoll ist die Planung solch einer Steuerung in Verbindung mit einer Verkehrsberechnung. Weitere Steuerungsmöglichkeiten wie die Einbindung von Zeiterfassungssystemen und die direkte Zuordnung von Mitarbeitern und dem Ort der Arbeitsstelle ist ebenfalls mit dieser Steuerung möglich.

Krankenhaus

Im Krankenhaus muss aufgrund der Klientel und des Einsatzbereichs ein Aufzug neben der EN 81-20 noch die Anforderungen erfüllen nach der EN 81-70, *Sicherheitsregeln für die Konstruktion und den Einbau von Aufzügen – Besondere Anwendungen für Personen- und Lastenaufzüge – Teil 70: Zugänglichkeit von Aufzügen für Personen einschließlich Personen mit Behinderungen*. Bei der Planung in einem Krankenhaus ist auf eine ausreichende Größe der Vorräume vor den Aufzügen zu achten. Zusätzlich sollte auf die Installation von Lichtgittern mit Vorraumüberwachung gedacht werden. Somit ist sichergestellt, dass die Aufzugstüren umsteuern, wenn Betten mit dem Aufzug transportiert werden sollen. Durch das hohe Gewicht der Betten ist beim Schließen der Türen kurz vor Erreichen des Aufzugs ein Stoppen des Bettes schwer möglich. Hierdurch wird eine Kollision des Bettes mit der Aufzugstür vermieden.

Der Fahrkorb sollte mindestens eine Größe von 1000 × 1300 mm haben, bei der Verwendung als Bettenaufzug ist eine Größe von 1200 × 2400 mm zu empfehlen. Aufgrund der Hygiene im Krankenhaus ist der Fahrkorb mit einer Edelstahlfläche auszurüsten. Dies gilt sowohl für die Fahrkorbwände als auch für den Handlauf und das Fahrkorbtableau. Ein in die Fahrkorbwand eingelassener Klappsitz sollte Bestandteil der Ausstattung sein.

I. d. R. wird ein Brandschutzkonzept vorhanden sein. Hier ist darauf zu achten, welche Eigenschaft der Aufzug im Falle eines Brandes haben soll. Denkbar ist die zusätzliche Anwendung der EN 81-73, *Sicherheitsregeln für die Konstruktion und den Einbau von Aufzügen – Besondere Anwendungen für Personen- und Lastenaufzüge – Teil 73: Verhalten von Aufzügen im Brandfall* sowie die Ausstattung als Feuerwehraufzug nach EN 81-72. Die Steuerung muss in der Lage sein, ein Signal der Brandmeldeanlage erhalten und verarbeiten zu können.

Ist in dem Gebäude ein Notstromaggregat vorhanden, so muss vorher definiert werden, wie sich die Aufzugsanlage im Falle eines Stromausfalls verhalten soll. Der Aufzug kann mithilfe des Aggregats in eine vorbestimmte Haltestelle fahren und mit geöffneten Türen stehen bleiben. Aufzüge, die während des Stromausfalls zur Versorgung oder Evakuierung weiterbetrieben werden müssen, benötigen permanent eine Ersatzstromversorgung. In den meisten Krankenhäusern ist ein Diesel-Notstromaggregat vorhanden an dem die Aufzuganlage angeschlossen werden kann. Bei der Planung ist der Energiebedarf der Aufzugsanlagen im Dauer- oder Teilbetrieb zu berücksichtigen. Hier definiert sich die Schnittstelle zum Planer des Diesel-Notstromaggregats, die Werte des Energiebedarfs der Aufzugsanlagen müssen übergeben werden und in die Kalkulation der Kapazität des Aggregats einfließen.

Bei einer barrierefreien Aufzugsanlage im Krankenhaus ist die Planung von Großflächentaster im Fahrkorb zu empfehlen. Sowohl im Fahrkorbtableau als auch in einem im Handlauf integriertem Quertableau sollten sie vorgesehen werden. In der aktuellen Fassung der EN 81-70 wird die Verwendung der Großflächentaster nur in einem informativen Anhang behandelt, d. h. diese Art der Taster ist nicht mehr zwingend vorgeschrieben. Die vorherige Fassung der EN 81-70 schrieb noch Großflächentaster zwingend vor. Sollte jedoch die Entscheidung gefallen sein, Großflächentaster zu verwenden, dann müssen sie überall eingesetzt werden, d. h. sowohl im Fahrkorb als auch in den Tableaus an den Haltestellen. Sprachansagen im Fahrkorb als auch an den Haltestellen nach der EN 81-70 erleichtert die Nutzung durch Hörgeschädigte.

Beschriftungsfelder auf dem Fahrkorntableau neben den Ruftastern der einzelnen Haltestellen sind zu empfehlen. Darüber hinaus sollte das Maß des Tableaus nicht zu knapp bemessen sein, da in Krankenhäusern auch Haltestellen vorhanden sind, die nicht für jedermann zugänglich sind. Hier sollte dann ausreichend Platz auf dem Fahrkorbtableau für einen Schlüsseltaster oder einem Kartenlesegerät vorhanden sein.

Schule/öffentlichen Gebäude/Flughäfen

In Schulen oder in öffentlichen Gebäuden ist mit erhöhtem Vandalismus zu rechnen. Bei Aufzugsanlagen in solchen Gebäuden sollten die Anforderungen nach der EN 81-71, *Sicherheitsregeln für die Konstruktion und den Einbau von Aufzügen – Besondere Anwendungen für Personen- und Lastenaufzüge – Teil 71: Schutzmaßnahmen gegen mutwillige Zerstörung* zusätzlich berücksichtigt werden. Bei Fahrkörben, wo mit erhöhtem Aufkommen von Vandalen zu rechnen ist, kann durch die geeignete Auswahl an Materialien ein optisch gutes Bild des Fahrkorbs auch bei Schäden lange aufrechterhalten werden. Die Verwendung von strukturiertem Edelstahl bei den Fahrkorbwänden sorgt dafür, dass Kratzer nicht sofort entdeckt werden können, die durch scharfkantige Gegenstände wie Messer oder Schraubendreher verursacht wurden.

Gemäß der DIN 18040–1, *Barrierefreies Bauen – Planungsgrundlagen – Teil 1: Öffentlich zugängliche Gebäude* sind in öffentlichen Gebäuden Aufzüge nach der EN 81-70, *Sicherheitsregeln für die Konstruktion und den Einbau von Aufzügen – Besondere Anwendungen für Personen- und Lastenaufzüge – Teil 70: Zugänglichkeit von Aufzügen für Personen einschließlich Personen mit Behinderungen* gefordert.

Die Gleichen Anforderungen wie zuvor genannt gelten auch für Aufzugsanlagen auf Flughäfen. Zusätzlich sollte man bei diesen Aufzügen noch einen Schutz des Fahrkorbs vorsehen. Durch die Nutzung der Fahrkörbe mit Kofferkulis oder Personen, die mit Gepäck unterwegs sind, sind Rammschutzleisten sinnvoll, um die Fahrkorbwände vor Beschädigungen zu schützen.

Versammlungsstätten, Gaststätten

In Versammlungsstätten können neben Aufzugsanlagen, die den bereits erwähnten Kriterien in den zuvor beschriebenen Kapiteln entsprechen, Kleingüteraufzüge benötigt werden. Kleingüteraufzüge fallen unter die Maschinenrichtlinie und sind in der EN 81-30, *Sicherheitsregeln für die Konstruktion und den Einbau von Aufzügen – Aufzüge für den Transport von Gütern – Teil 30: Elektrisch und hydraulisch betriebene Kleingüteraufzüge* beschrieben. Für größere Güter können die Anforderungen für Aufzugsanlagen nach der EN 81-31, *Sicherheitsregeln für die Konstruktion und den Einbau von Aufzügen – Aufzüge für den Gütertransport – Teil 31: Betretbare Güteraufzüge* angewendet werden.

Kleingüteraufzüge gibt es in zwei Ausführungen. Entweder mit einer bodenbündigen Drehtür oder einer Schiebetür auf einer Brüstungshöhe von 80 cm. Die Fahrkorbmaße betragen 120 × 100 × 100 mm. Die maximale Nutzlast ist normativ auf 300 kg begrenzt. Kleingüteraufzüge mit bodenbündigen Drehtüren werden üblicherweise für den Transport von Fässern in Gaststätten benutzt. Bei der Verwendung von Kleingüteraufzügen mit vertikalen Schiebetüren werden überwiegend Speisen transportiert. Aus hygienischen Gründen sollte man auf eine Auskleidung aus Edelstahl achten.

Ebenso ist der Kunde darauf hinzuweisen, dass eine sorgfältige Wartung zu beauftragen ist. Die Nutzung als Speisenaufzug birgt die Gefahr, dass Essensreste in die Schachtgrube fallen, die mit der Zeit anfangen zu verderben. Die Gefahr von Schimmelbildung und Gerüchen ist gegeben. Deshalb ist eine regelmäßige Reinigung der Schachtgrube zu empfehlen.

Bahnhöfe

Aufzugsanlagen auf Bahnhöfen werden nach vielen Normen der EN 81-Reihe gebaut. Im Markt spricht man darüber, dass „Bahnhofsaufzüge" kompliziert und aufwendig sind. Dies entspricht jedoch nicht der Wahrheit. Der einzige Unterschied zu Aufzugsanlagen in Wohn- oder Bürogebäuden besteht darin, dass zusätzlich zur EN 81-20 noch folgende Zusatznormen i. d. R. Anwendung finden:

- EN 81-28, *Sicherheitsregeln für die Konstruktion und den Einbau von Aufzügen – Aufzüge für den Personen- und Gütertransport – Teil 28: Fern-Notruf für Personen- und Lastenaufzüge*
- EN 81-70, *Sicherheitsregeln für die Konstruktion und den Einbau von Aufzügen – Besondere Anwendungen für Personen- und Lastenaufzüge – Teil 70: Zugänglichkeit von Aufzügen für Personen einschließlich Personen mit Behinderungen*
- EN 81-71, *Sicherheitsregeln für die Konstruktion und den Einbau von Aufzügen – Besondere Anwendungen für Personen- und Lastenaufzüge – Teil 71: Schutzmaßnahmen gegen mutwillige Zerstörung*
- EN 81-72, *Sicherheitsregeln für die Konstruktion und den Einbau von Aufzügen – Besondere Anwendungen für Personen- und Lastenaufzüge – Teil 72: Feuerwehraufzüge*
- EN 81-73, *Sicherheitsregeln für die Konstruktion und den Einbau von Aufzügen – Besondere Anwendungen für Personen- und Lastenaufzüge – Teil 73: Verhalten von Aufzügen im Brandfall*

Zusätzlich gibt es die Anforderung der Deutschen Bahn, die Wände der Fahrkörbe sowie die Fahrkorb- und Schachttüren aus VSG-Glas herzustellen. Wird die Aufzugsanlage in einen Stahlschacht eingebaut, ist dieser transparent zu gestalten, d. h. der Schacht wird mit VSG-Glas verkleidet. Der Grund liegt darin, dass man mit der Sicht in den Fahrkorb die Sicherheit der Nutzer auf Bahnhöfen durch die Transparenz erhöhen möchte.

Wie sind die Umgebungsbedingungen des Gebäudes?

Befindet sich das Gebäude in See-, Fluss- oder Meernähe, müssen Anforderungen aus der *Verordnung über Anlagen zum Umgang mit wassergefährdeten Stoffen und über Fachbetriebe* (AwSV) berücksichtigt werden. Dann ist der Einsatz von hydraulischen Aufzugsanlagen mit Auflagen verbunden oder eine hydraulische Aufzugsanlage darf ggfs. überhaupt nicht eingesetzt werden. Gemäß dieser Verordnung müssen die Aufzugsanlagen zuerst einer Gefährdungsstufe zugeordnet werden, darüber hinaus wird festgelegt, ob sich die Anlage in einem Wasserschutz- oder Überschwemmungsgebiet befindet. Je nach Einteilung ergeben sich konkrete Maßnahmen, die es umzusetzen gilt.

Bei der Planung von Aufzugsanlagen in der Nähe von Meeren sollte man auf robustes Material der Fahrkörbe achten. Die Wände des Fahrkorbs sollten mindestens in V2A, besser noch in V4A ausgeführt sein. Auch die Schachttüren sollten diese Anforderungen erfüllen. Gerade in der Nähe von Meeren ist die Luft sehr aggressiv.

Um überschüssiges Wasser durch Wettereinflüsse oder Überschwemmungen aus der Schachtgrube pumpen zu können muss in der Schachtgrube ein Pumpensumpf vorgesehen werden. Das Wasser darf aber nicht in die allgemeine Kanalisation geleitet werden. Aufgrund des Öls auf den Führungsschienen oder anderen Bauteilen im Schacht, vermischt sich das eintretende Wasser mit diesem Öl und muss über einen Ölabscheider separat abgeleitet werden. Da diese Pumpe für den sicheren Betrieb der Aufzugsanlage notwendig ist, dürfte diese auch nicht als aufzugsfremde Einrichtung angesehen werden. Eine Abklärung im Vorfeld mit der Notifizierten Stelle sollte trotzdem erfolgen.

Wie ist der Nutzerkreis?

Die Frage nach dem Nutzerkreis kommt zu den gleichen Schlussfolgerungen wie die zuvor beschriebenen Fragen, nur aus einer anderen Sichtweise. Je nachdem, welcher Nutzerkreis die Aufzugsanlagen nutzen, müssen verschiedene Zusatznormen angewendet werden.

Nutzen Menschen mit Mobilitätseinschränkungen die Aufzugsanlage, benötigen sie eine barrierefreie Aufzugsanlage nach der EN 81-70.

Bei der Nutzung der Aufzugsanlage durch Schüler oder in Ämtern im öffentlichen Bereich kommt die EN 81-71 zur Anwendung.

Nutzen eingewiesene Personen oder Mitarbeiter die Aufzugsanlage, könnte eine Sperrung von Haltestellen notwendig werden, die nur für einen eingeschränkten Nutzerkreis zugänglich sind. Dafür muss das Fahrkorbtableau entweder mit einem Schlüssel für die Freigabe von Haltestellen oder mehrere Schlüssel für jede gesperrte Haltestelle ausgestattet werden. Alternativ kann auch eine Schlüsselkarte über ein Kartenlesegerät verwendet werden.

Wird der Aufzug durch Feuerwehrleute benutzt, ist er nach der EN 81-72 ausgelegt.

Wer schließt den Potentialausgleich in der Grube an (Erdung der Führungsschienen)?

Diese Frage sollte so früh wie möglich geklärt werden. Die Führungsschienen benötigen einen Anschluss an die Gebäudeerdung. Einige Aufzugsfirmen übernehmen diese Leistung nicht, da die Erdungssysteme im Gebäude unklar sind. Für diesen Fall muss ein Elektrounternehmen beauftragt werden. Bei der Erstellung von Ausschreibungsunterlagen kann diese Leistung dementsprechend zugeordnet werden. Der Bauherr sollte sich so früh wie möglich darum bemühen, hier ein geeignetes Elektrounternehmen zu beauftragen.

Ist die Aufzugsanlage in einem Stahlschacht eingebaut, muss auch dieser geerdet werden.

Welche Montagetechnik wird verwendet?

Im Vorfeld muss festgelegt werden, welche Montagetechnik angewendet werden soll. Je nachdem, welche Montagetechnik verwendet wird, ergeben sich evtl. weitere Schnittstellen. Wird die Aufzugsanlage gerüstlos montiert, werden nur Schachtabsperrungen an den Haltestellen verwendet. Wird die Aufzugsanlage mit Gerüsten montiert, müssen zusätzlich an jeder Haltestelle Montageplattformen angebracht werden. Weitere Hinweise zur Arbeitssicherheit im Aufzugsbau können die Schriften der Deutschen Gesetzlichen Unfallversicherungen liefern. Speziell die DGUV Information 209-053, „Tätigkeiten an Aufzugsanlagen" gibt weitere Hinweise. Die ◘ Abb. 2.9 zeigt eine

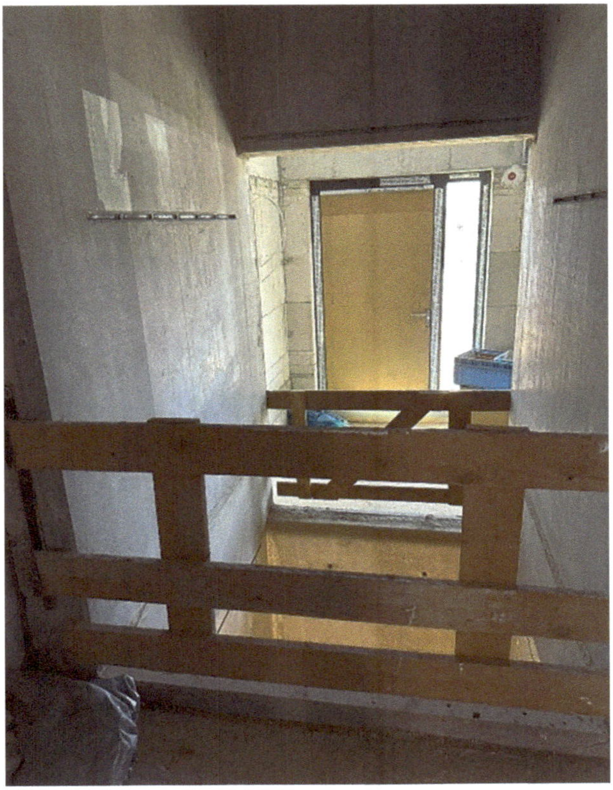

Abb. 2.9 Schachtabsperrung an der Haltestelle. (Quelle: Autor)

Schachtabsperrung an einer Haltestelle. Die Abb. 2.10 zeigt eine Schachtabsperrung in der untersten Haltestelle.

Die Lieferung und Montage der Montageplattformen und Schachtabsperrungen sind keine Leistung der Aufzugshersteller. Sie muss separat beauftragt werden. Entweder wird sie in den Ausschreibungsunterlagen des Bauunternehmers aufgenommen oder durch den Aufzugsunternehmer in seinem Auftrag separat erbracht.

Bei der Montage mit Montageplattformen an den Haltestellen müssen bei der Erstellung des Schachtes leere Hülsen in den Schacht eingebracht werden. Diese werden verwendet, um Rüstschuhe bei der Montage der Montageplattformen einzustecken. Auf diese Rüstschuhe werden die Montageplattformen aufgebaut. Die Höhenangaben, an welchen Stellen diese Hülsen einbetoniert werden müssen, finden sich in den Anlagenzeichnungen des Aufzugsherstellers.

Bei der gerüstlosen Montage, die nur bei maschinenraumlosen Aufzügen angewendet wird, wird nur in der obersten Haltestelle eine Montageplattform eingebaut. Alle anderen Haltestellen erhalten keine Montagebühnen. Die Haltestellen werden nur mit wenigen Komponenten der Aufzugsanlage angefahren. Je nach Hersteller gibt es verschiedene Verfahren und Unterschiede.

Wenn der Antrieb im Schachtkopf eingebaut wurde, kann in der untersten Haltestelle der Fahrkorbrahmen aufgebaut und die Seile aufgelegt werden. Dann werden bei

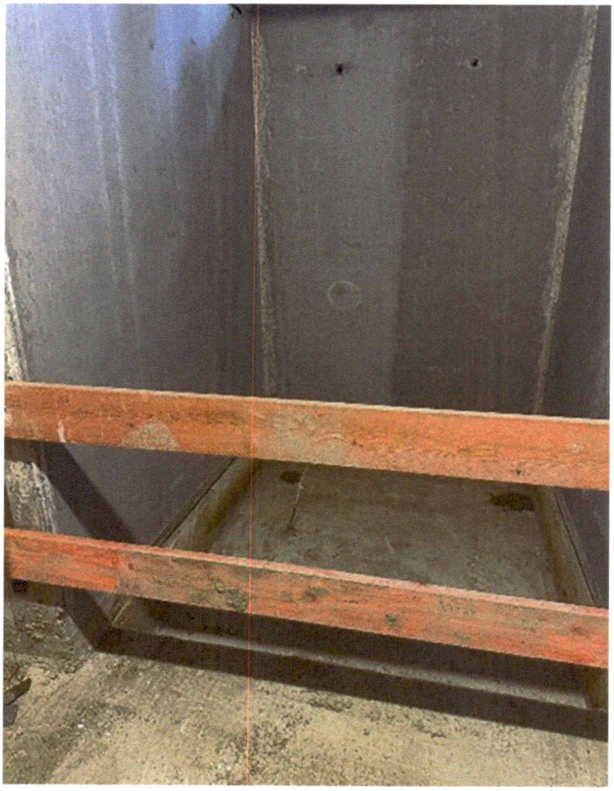

Abb. 2.10 Schachtabsperrung an der untersten Haltestelle. (Quelle: Autor)

der Aufwärtsfahrt Stück für Stück die Führungsschienen montiert. Bei der anschließenden Abwärtsfahrt montiert man von oben nach unten die Schachttüren. Unten angekommen wird der Fahrkorb montiert und die Feineinstellung der Anlage vorgenommen. Die Abb. 2.11 zeigt einen Fahrkorb von unten. Die Querstrebe ist Teil des Fahrkorbrahmens.

Wer beauftragt die notifizierte Stelle zum Inverkehrbringen der Anlage nach EU-Recht?
Damit der Aufzugshersteller seine Aufzugsanlage in Verkehr bringen kann, benötigt er nach der Aufzugsrichtlinie eine notifizierte Stelle, die die Aufzugsanlage nach europäischem Recht überprüft. Im Prinzip kann der Betreiber die notifizierte Stelle beauftragen, dies wird jedoch in der Regel durch den Aufzugshersteller gemacht und in den Gesamtkosten der Aufzugsanlage integriert. Der Planer sollte nur in seinen Ausschreibungsunterlagen darauf hinweisen, bzw. diese Leistung in das Leistungsverzeichnis aufnehmen und durch den Aufzugshersteller erbringen lassen.

Wer beauftragt die zugelassene Überwachungsstelle (ZÜS) zur Prüfung vor Inbetriebnahme (PvI)?
Hier verhält es sich wie unter zuvor bereits erwähnt. Die Leistungen sollten bei der Planung in die Ausschreibungsunterlagen mit aufgenommen und durch den Aufzugshersteller erbracht werden.

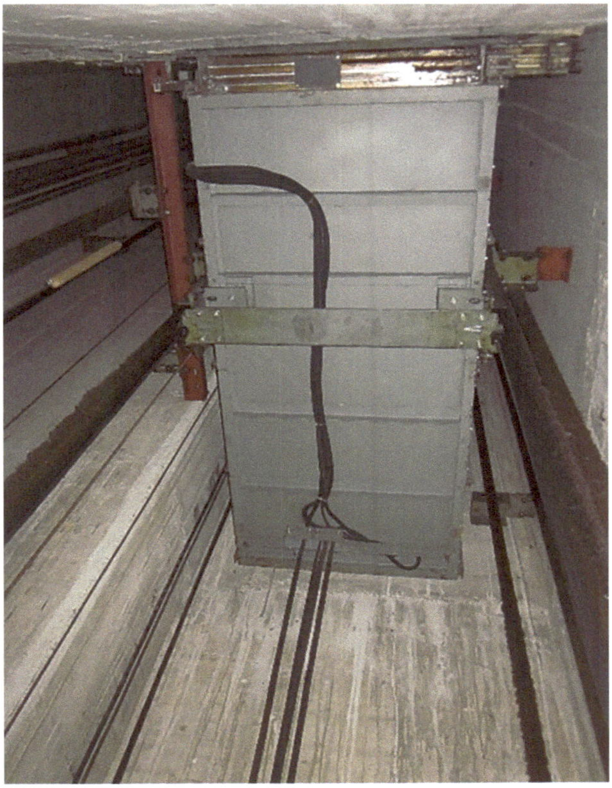

Abb. 2.11 Fahrkorbrahmen von unten. (Quelle: Autor)

Wenn der Aufzugshersteller die Leistungen erbringen muss, liegt es auch in seiner Verantwortung, dass die notwendigen Abnahmen zeitgerecht terminiert und beauftragt werden.

Wie soll sich der Aufzug im Brandfall verhalten?

Existiert für das Gebäude ein Brandschutzkonzept? Ein Brandschutzkonzept definiert, wie sich der Aufzug im Falle eines Brandes verhalten soll. Es gibt zwei Möglichkeiten, zum einen kann der Aufzug in eine definierte Haltestelle fahren. I. d. R. wird dies die Hauptzugangsebene des Gebäudes sein. Dort wird der Aufzug mit offenen Türen stehen bleiben, sodass die Nutzer aus dem Aufzug direkt ins Freie gelangen können. Diese Variante nennt man eine Brandfallevakuierung mit statischer Evakuierungshaltestelle.

Wenn neben der Evakuierung in die Haupthaltestelle noch Alternativhaltestellen definiert wurden, die im Falle eines Brandes in der Haupthaltestelle eben diese Alternativhaltestellen anfahren sollen, so nennt man diese Variante eine dynamische Brandfallsteuerung. Um diese Anforderungen umsetzen zu können, muss die Zusatznorm EN 81-73, *Sicherheitsregeln für die Konstruktion und den Einbau von Aufzügen – Besondere Anwendungen für Personen- und Lastenaufzüge – Teil 73: Verhalten von Aufzügen im Brandfall* angewendet werden.

Um diese Funktion in der Aufzugssteuerung aktivieren zu können, benötigt die Aufzugssteuerung ein Signal einer Brandmeldeanlage, um den Vorgang zu starten. Hier muss der Planer mit dem Betreiber oder dem Gewerk „Gebäudeleittechnik" genau abstimmen, welche und wie viele potentialfreien Kontakte in der Aufzugssteuerung benötigt werden. Eine Abstimmung mit der Brandschutztechnik sollte ebenfalls erfolgen, da bei einer dynamischen Brandfallsteuerung die Aufzugssteuerung erkennen muss, ob sich die Zielhaltestelle in einem rauchfreien Bereich befindet. Das bedeutet, die im Gebäude installierten Rauchmelder müssen mit der Aufzugssteuerung entweder direkt oder über die Brandschutztechnik verbunden sein.

Wie soll sich der Aufzug bei Netzausfall verhalten?

In großen Hochhäusern oder in Krankenhäuser werden auch Aufzugsanlagen in das Evakuierungskonzept integriert oder die Nutzung als Feuerwehraufzug erfordert eine Lösung für einen Ausfall der Spannungsversorgung. Für eine kurzzeitige Evakuierungsfahrt in eine definierte Haltestelle mit anschließender Außerbetriebnahme reicht ein Batteriepack aus, der mit der Aufzugsanlage verbunden ist. Dieser Batteriepack kann der Aufzugshersteller mitliefern und anschließen.

Ist jedoch eine längere Spannungsversorgung notwendig, dann wird i. d. R. im Gebäude eine Netzersatzanlage (Dieselnotstromaggregat) eingebaut. Sollte dies der Fall sein, muss der Aufzugshersteller die notwendigen technischen Daten bereits zur Planungsphase dem Aufzugsplaner übergeben, da diese Daten für die Dimensionierung des Dieselnotstromaggregats benötigt werden.

Sind Signalzustände der Aufzugsanlage an andere Gewerke weiterzugeben (GLT)/von anderen Gewerken zu übernehmen?

In größeren Gebäudekomplexen (Bürogebäude, Krankenhäusern oder Industriebetrieben) werden Monitoringsysteme gerne verwendet, um die Zustände der Aufzugsanlagen erkennen zu können. Hierbei handelt es sich um Außerbetriebsanzeigen der Anlagen, um Standortanzeigen (in welcher Haltestelle befindet sich die Aufzugsanlage) oder sogar um Fernsteuerung der Anlagen (Abschaltung aus der Ferne). Die Signalzustände müssen dann über potentialfreie Kontakte an die Gebäudeleittechnik weitergegeben werden. Diese Kontakte müssen zusätzlich zur Verfügung gestellt werden. Je nach Anzahl der Kontakte kann dies einen größeren Steuerschrank erfordern. Diese Informationen sollte der Bauherr bereits in der Planungsphase kennen und dem Aufzugsplaner übergeben. Spätere Ergänzungen erfordern ein Umplanen bzw. einen finanziellen Mehraufwand.

Ist in dem Gebäude eine Brandmeldezentrale (BMZ) vorhanden, dann benötigt die Aufzugssteuerung die Signale zur Verarbeitung. Auch diese Kontakte müssen bei der Planung in der Steuerung vorgesehen werden. Im Allgemeinen wird nach dem Eingang von einem Signal aus der BMZ eine Funktion, i. d. R. nach der EN 81-73 ausgelöst und der Fahrkorb fährt in eine Evakuierungshaltestelle (statisch oder dynamisch).

Monitoringsysteme können auch Zustände von Komponenten aufzeichnen. Die Verwendung solcher Systeme ermöglicht es, die Verschleißgrenzen von Bauteilen auszureizen und einen vorzeitigen Austausch zu vermeiden.

Wer liefert die Stromzufuhr zur Aufzugsanlage?

Wenn die Aufzugsanlage montiert ist, wird sie für die Inverkehrbringung vorbereitet. Für die Inverkehrbringung wird der Originalstrom benötigt, d. h. die Aufzugsanlage muss an die Unterverteilung des Gebäudes angeschlossen sein. Eine Inverkehrbringung mit Baustrom ist nicht zulässig und wird von der notifizierten Stelle nicht akzeptiert. Die vom Bauherrn beauftragte Elektrofirma muss hierfür die Zuleitung von der Unterverteilung bis an den Hauptschalter der Aufzugsanlage verlegen.

Werden zusätzliche Gewerke benötigt?

Sind für die Montage der Aufzugsanlage andere Gewerke notwendig, so sind diese Leistungen frühzeitig zu planen und zu beauftragen. Notwendige Arbeiten anderer Gewerke sind beispielsweise Stemmarbeiten für Leitungen oder Türen, Kernbohrungen für Hydraulikschläuche oder Tasterleitungen. Ist der Fahrkorb mit einem abgesenkten Boden ausgeliefert worden für einen bauseitigen Fliesenbelag, so muss dieser bei der Inverkehrbringung im Fahrkorb verlegt sein.

Wie soll der Abschluss zum Flur gestaltet werden?

Die Schachttür bildet den Abschluss der Aufzugsanlage zum Gebäude (Flur). Der Bauherr kann sich dafür entscheiden, ob die Schachttüren hinter einer Vormauerung verschwinden oder ob der komplette Schacht zum Gebäude hin offen ausgeführt und durch den Aufzugshersteller geschlossen wird.

Erhält der Schacht eine Vormauerung, sodass sich die Türen hinter dieser Vormauerung bewegen, ist der Rahmen zwischen der Schachttür und der Vormauerung zu schließen. Der Spalt kann mit einem Winkel oder einer Mauerumfassungszarge durch den Aufzugshersteller verschlossen werden oder der Bauherr beauftragt diese Leistung an einen Bauunternehmer.

Für die Montage der Ruftaster an den Haltestellen wird eine Bohrung für die Verlegung der Tasterleitung in dieser Vormauerung benötigt. Dies ist eine bauseitige Leistung und muss bei der Planung berücksichtigt werden. Der Bauherr muss diese Leistung einem Gewerk bei der Auftragsvergabe zuordnen.

Erhält der Schacht keine Vormauerung und ist zum Flur auf ganzer Höhe komplett geöffnet, kann der Aufzugshersteller die Fläche komplett mit einem Portal verschließen und die Schachttür integrieren. I. d. R. wird hierbei Edelstahl zur Verkleidung der Öffnung verwendet. Eine Bohrung für die Leitungen der Ruftaster ist nicht nötig, da der Aufzugshersteller den Ruftaster in seinem Portal integriert.

Wo kann das Material angeliefert und gelagert werden?

Die Materiallagerung ist generell bei der Planung zu berücksichtigen. Hat der Bauherr die Möglichkeit das Material auf seinem Grundstück zu lagern oder sind Lagerflächen außerhalb der Baustelle anzumieten. Wenn beides nicht möglich ist, so muss der Aufzugshersteller andere Lagerungsmöglichkeiten in Betracht ziehen und dies mit dem Bauherrn gesondert vereinbaren. Ist keine Lagerung vor Ort möglich, muss die Montage so gestaltet werden, dass nur das angelieferte Material am Tage der Anlieferung montiert wird.

Der Planer hat im Vorfeld zu prüfen, ob Genehmigungen für die Anlieferung oder das Parken von Baustellenfahrzeugen bei der Stadt/Gemeinde einzuholen sind. Bei der Montage eines hydraulischen Aufzuges ist beispielsweise der Heber vor dem Verschließen des Schachtes in den Schacht einzubringen. Dies erfordert oftmals die Zuhilfenahme eines Krans, abhängig von der Förderhöhe der Aufzugsanlage. Für die Nutzung eines Krans ist eine Straßensperrung notwendig, die eine Genehmigung der Gemeinde/Stadt benötigt. Die Nutzung eines Krans verursacht Zusatzkosten und sollten einkalkuliert werden.

Wird eine Schachtentrauchung benötigt und wer liefert diese?

Gemäß Landesbauordnung (LBO) muss eine Schachtentlüftung im Schacht vorhanden sein (permanente Öffnung). Da der Schacht als Kamin wirkt, wird im Brandfall der Rauch durch diese Öffnung abgeleitet. Der Vorteil liegt darin, dass der Rauch zu jeder Zeit abgeleitet werden kann. Der Nachteil, dass durch die permanente Öffnung aus dem Gebäude auch Wärme abgeleitet wird. Aus energetischer Sicht eine schlechte Lösung. Diese Öffnung kann man durch ein Fenster schließen, um die Wärmeableitung zu verhindern und Energie einzusparen. Als Fenster haben sich Lamellenfenster als eine gute Wahl erwiesen. ◻ Abb. 2.11 zeigt ein Lamellenfenster, eingebaut seitlich im Schachtkopf mit der dazugehörigen Steuerung (◻ Abb. 2.12).

Anstelle eines Lamellenfenster seitlich im Schachtkopf kann auch eine Öffnung in der Schachtdecke durch ein Fensterelement abgedeckt werden, zu sehen in ◻ Abb. 2.13.

Angesteuert wird das Fenster durch eine eigene Steuerung, welche im Schachtkopf in der Nähe der Öffnung installiert wird. Zusätzlich zu diesem System wird im Schacht ein Rauchansaugsystem (RAS) installiert und erkennt auftretenden Rauch im Schacht. Ein RAS besteht aus einem Kunststoffrohr mit Löchern, welches im Schacht von der Grube

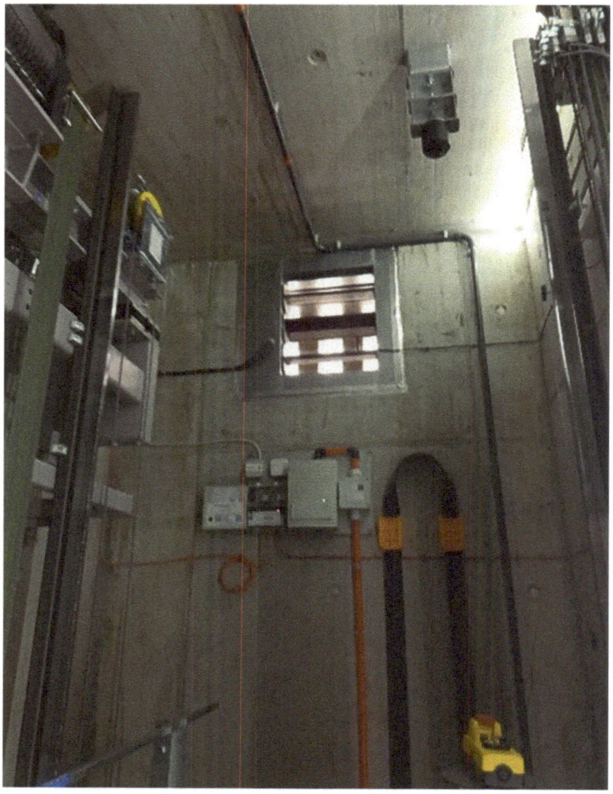

◻ **Abb. 2.12** Lammellenfenster seitlich im Schachtkopf eingebaut. (Quelle: B.A.S.E. GmbH)

aus bis zum Schachtkopf installiert wird. Das Kunststoffrohr wird am Ende an ein Raucherkennungssystem angeschlossen, was Luft ansaugt, und die angesaugte Luft auswertet. Wenn im Schacht Rauch entsteht, wird dieser Rauch durch die Löcher im Kunststoffrohr angesaugt und in der Auswerteeinheit ausgewertet. Handelt es sich um Rauch, wird das Lamellenfenster geschlossen und ein Signal weitergeleitet, ggfs. auch ein Alarm direkt an der Anlage ausgelöst. Das Signal kann an eine Aufzugsanlage oder an eine Brandmeldezentrale weitergeleitet werden. Eine Aufzugsanlage nach der EN 81-73 kann nach solch einem Signal beispielsweise eine Evakuierungsfahrt in das Erdgeschoss ausführen.

Eine andere Möglichkeit ist die Verwendung von Rauchmeldern im Schacht verteilt, die über ein Kabel mit der Steuerung verbunden sind, zu sehen in ◘ Abb. 2.14.

Wenn kein Brand im Schacht ausgebrochen ist, bleibt das Fenster geschlossen. Durch das geschlossene Fenster kann aber keine Frischluft in den Schacht und demzufolge keine Frischluft in den Fahrkorb gelangen. Deshalb muss der Schacht ausreichend belüftet werden, siehe EN 81-20, Anhang E.3. Die Belüftung des Schachtes kann aber auch mit diesem System erfolgen. Durch gezieltes manuelles Belüften oder Zeitgesteuert kann Frischluft in den Schacht eingebracht werden.

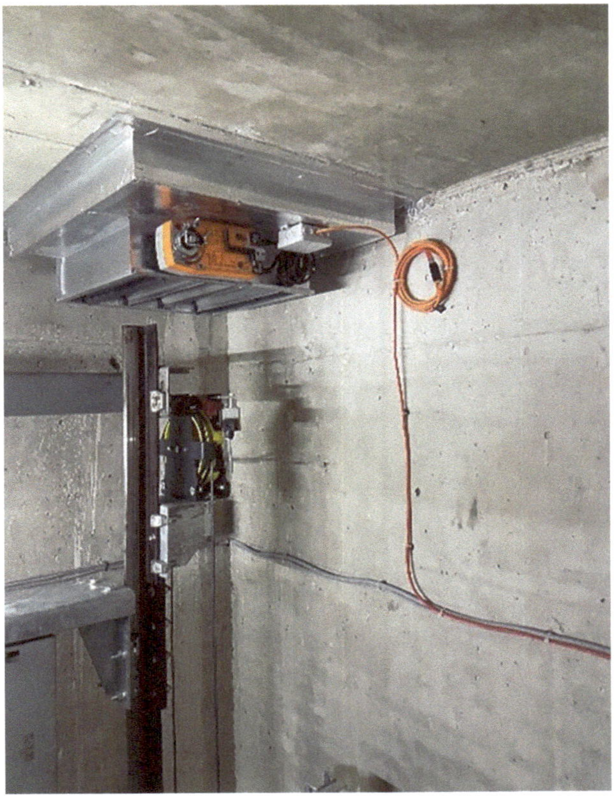

◘ **Abb. 2.13** Fensterelement in der Decke des Schachtkopfs. (Quelle: B.A.S.E. GmbH)

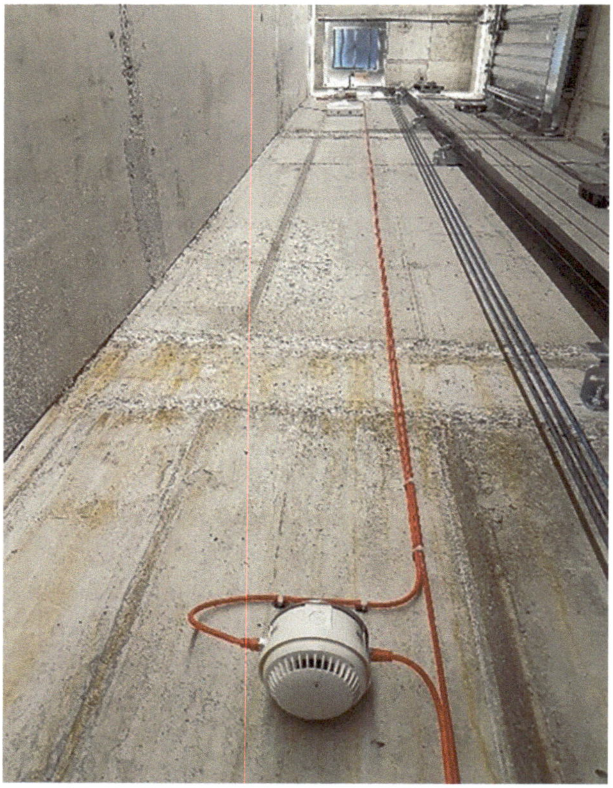

Abb. 2.14 Rauchmelder im Schacht. (Quelle: B.A.S.E. GmbH)

2.1.8 Verkehrsberechnung

Um die notwendige Anzahl an Aufzugsanlagen im Gebäude bzgl. Fahrkorbgröße und Geschwindigkeit ermitteln zu können, eignet sich eine Verkehrsberechnung. Anhand von Eckdaten wie die Anzahl der angefahrenen Stockwerke, die Höhe der Geschosse, die Anzahl der Untergeschosse, die Anzahl der Personen, die im Gebäude befördert werden müssen, sowie Aufzugsdaten wie Türöffnungs- und schließzeiten kann man berechnen, wie viele Aufzüge benötigt werden, welche Größe die Fahrkörbe haben und welche Nenngeschwindigkeit notwendig ist.

Das Ziel dieser Berechnung ist es, eine Aufzugsanlage oder Aufzugsanlagen in einer Gruppe zu haben, die es dem Nutzer ermöglichen in einer komfortablen Zeit zu seiner Zielhaltestelle zu kommen. Eine komfortable Zeit ist eine Zeit, in der der Nutzer nur kurz auf den freien Fahrkorb warten muss. Eine Zeit wird als komfortabel angesehen, wenn der Nutzer nicht länger als 30 s auf einen Fahrkorb an der Hauptzugangstelle (i. d. R. das Erdgeschoss) warten muss.

Aufzugsunternehmen oder auch Fachplaner können diese Rechnungen mit der Hilfe spezieller Software durchführen. Eine Verkehrsberechnung kann theoretisch für jedes

Gebäude erstellt werden, jedoch wird diese Art der Ermittlung von Aufzugsanlagen üblicherweise in Hochhäusern mit mehreren Aufzugsanlagen in einer Gruppe durchgeführt.

Sollte ein Planer eine Verkehrsberechnung in Eigenregie durchführen, kann er dies unter Zuhilfenahme von diverser Literatur vornehmen. Folgende Autoren haben sich mit diesem Thema ausgiebig befasst und haben Bücher zum Thema Verkehrsberechnungen geschrieben:

- George Strakosch
- Gina Barney

Darüber hinaus ist eine Anleitung in der ISO 8100-32, *Lifts for the transportation of persons and goods – Part 32: Planning and selection of passenger lifts to be installed in office, hotel and residential buildings* vorhanden, wie man eine Verkehrsberechnung durchführen kann.

2.1.9 Nutzung der Aufzugsanlage als Bauaufzug

Während des Neubaus eines Gebäudes besteht oft der Wunsch, einen Bauaufzug nutzen zu wollen. Ein Bauaufzug beispielsweise nach der EN 12159 kann aufgebaut werden. Dieser Aufzug wächst mit dem Gebäude und wird nach der Bauphase demontiert und an einer anderen Baustelle wieder aufgebaut.

Die Nutzung eines Bauaufzugs ist mit zusätzlichen Kosten verbunden, manchmal sind die Voraussetzungen auch nicht vorhanden, diesen Aufzugstyp einsetzen zu können. Dann wird die Frage gestellt, ob man den Personenaufzug nicht als Bauaufzug verwenden könnte.

Unter gewissen Voraussetzungen ist die möglich, jedoch muss dies aus Sicht des Autors unbedingt mit der zuständigen Behörde (NB = Notified Body) abgestimmt werden und ist auch zeitlich zu begrenzen. Der Aufzug kann nach der Aufzugsrichtlinie in Verkehr gebracht werden. Der Aufzugshersteller hat hierfür eine Risikobeurteilung durchzuführen und die Abweichungen im Baustellenbetrieb zu dokumentieren. Der Baubetrieb ist zu beschreiben und er wird zeitlich begrenzt. Die Abweichungen der Baustellenumgebung im Vergleich zum Inverkehrbringen im normalen Betrieb ist ebenfalls zu beschreiben. Die Unterlagen, die übergeben werden, sind dem Baustellenbetrieb anzupassen. Am Ende der festgelegten Zeit des Baustellenbetriebs endet die Nutzung als Baustellenaufzug.

Danach wird der Aufzug für die Endnutzung fertig gestellt und muss gem. BetrSichV einer Prüfung vor Wiederinbetriebnahme unterzogen werden. Danach kann er bei mangelfreier Prüfung als Personenaufzug verwendet werden. Die zuvor übergebenen Unterlagen müssen dem Endzustand angepasst werden.

Bei der Nutzung als Bauaufzug sollte der Fahrkorb mit einer Schutzkleidung geschützt werden. Entweder wird der Fahrkorb mit Holz ausgekleidet oder es werden Schutzmatten aus festem Stoff oder Kunststofffaser verwendet. Da diese Leistung inkl. Auf- und Abbau eine Zusatzleistung ist, sollte der Planer diese Kosten bereits in der Planungsphase berücksichtigen und auch die Leistungen im Vorfeld im Leistungsverzeichnis an einen Vertragspartner zuweisen.

2.2 Planung Bauen im Bestand

2

In diesem Kapitel wird die Planung im Bestand behandelt. Wir unterscheiden die Planung einer neuen Aufzugsanlage als Ersatz (Ersatzanlage) in einem bereits bestehenden Schacht in einem bestehenden Gebäude oder die Montage einer neuen Aufzugsanlage in einem neuen Schacht in einem bestehenden Gebäude.

Planung einer Ersatzanlage

In bestehenden Gebäuden können die gleichen Fragen gestellt werden, wie wir sie bereits im ► Abschn. 2.1 behandelt haben. Der Unterschied besteht darin, dass in einem bestehenden Gebäude die Gebäudehülle und somit die Geometrie des Gebäudes nicht mehr veränderbar ist. Hier muss die neue Aufzugsanlage, die als Ersatzanlage einer alten Anlage geplant ist, den Gegebenheiten vor Ort angepasst werden.

Hilfreich ist hierbei die Anwendung der EN 81-21, *Sicherheitsregeln für die Konstruktion und den Einbau von Aufzügen – Aufzüge für den Personen- und Gütertransport – Teil 21: Neue Personen- und Lastenaufzüge in bestehenden Gebäuden.* In dieser Norm werden gemäß dem Anwendungsbereich Sicherheitsregeln für neue Personenaufzüge festgelegt, die in bestehenden Gebäuden eingebaut werden, bei denen aufgrund der baulichen Gegebenheit vor Ort die EN 81-20 nicht erfüllt werden kann. Zusätzlich zur EN 81-20 muss dann die EN 81-21 angewendet werden. In der EN 81-21 sind Maßnahmen festgelegt, die getroffen werden müssen, wenn im Gebäude der Schacht über einem reduziertem Schachtkopf oder einer reduzierten Schachtgrube verfügt. Die ◘ Abb. 2.9 zeigt einen Schacht mit reduzierter Schachtgrube. Die ◘ Abb. 2.15 zeigt einen reduzierten Schachtkopf.

Bei einer reduzierten Schachtgrube oder einem reduzierten Schachtkopf wird mithilfe einer Klappstütze in der Schachtgrube der erforderliche Schutzraum hergestellt. Die Klappstütze wird in der Schachtgrube entweder unter dem Fahrkorb oder unter dem Gegengewicht installiert, um so den temporären Schutzraum herzustellen. Auf die weitere Funktionsweise einer Klappstütze wird hier nicht näher eingegangen.

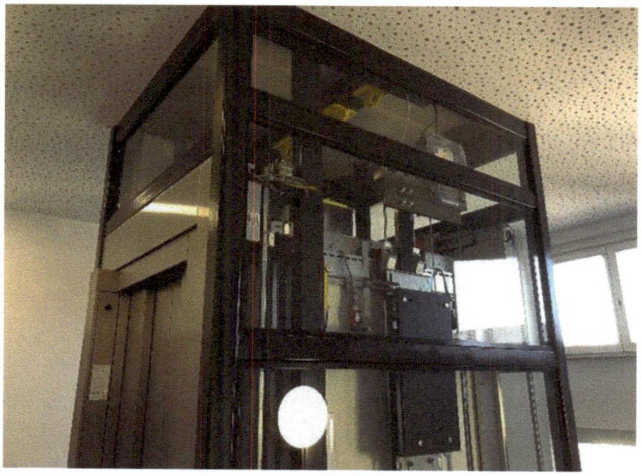

◘ **Abb. 2.15** Schachtkopf. (Quelle: Autor)

Bei der Ersatzanlage in einem alten Gebäude wird bei einer Seilaufzugsanlage im Regelfall ein Maschinenraum oben über dem Schacht vorhanden sein. Hier kann der Bauherr entscheiden, ob er den Maschinenraum wieder verwenden oder einen maschinenraumlosen Aufzug einbauen möchte. Sofern die Gegebenheiten im Schacht ausreichend sind für die Montage eines Antriebs im Schacht, kann durch Umbaumaßnahmen im Schachtkopf die Voraussetzung für die Montage eines Antriebs geschaffen werden.

Sollte dies nicht möglich sein, kann der vorhandene Maschinenraum wieder für den neuen Antrieb und der Steuerung verwendet werden. Nach der Meinung des Autors sollte ein vorhandener Maschinenraum weiterverwendet werden. Die Wartung, Prüfung und Reparatur der Komponenten sind bequemer für das Servicepersonal in einem separaten Maschinenraum durchzuführen.

Wenn als Ersatzanlage einer hydraulischen Anlage wieder eine hydraulische Anlage eingebaut werden soll, dann kann das Aggregat und die Steuerung in den vorhandenen Maschinenraum eingebaut werden. Vor dem Einbau der Komponenten ist es ratsam nach der Deinstallation der alten Komponenten den ölfesten Anstrich im Maschinenraum als auch in der Schachtgrube zu erneuern. Beim Einbringen des Hebers in den Schacht muss vorher geprüft werden, ob der Heber in das Gebäude eingebracht werden kann. Da das Gebäude bereits vorhanden ist, kann der Schachtkopf nicht mehr geöffnet werden. Kann der Heber aufgrund seiner Länge nicht durch das Gebäude in den Schacht eingebracht werden, besteht die Möglichkeit den Heber mehrteilig liefern zu lassen.

Generell muss bei einer Ersatzanlage vorher geprüft werden, wie oft der Aufzug während der Bauphase benötigt wird. In einem Wohnhaus müssen Versorgungsfahrten eingeplant werden. Dies verlängert die Montagezeit. Eine sehr enge Abstimmung mit den Bewohnern ist unabdingbar. Die Montage einer Ersatzanlage in einem Bürohaus kann da etwas einfacher sein. Durch einen Mehrschichtbetrieb kann die Montagezeit verkürzt werden und durch Hinzunahme des Wochenendes reduziert sie sich noch einmal. Es entstehen jedoch Mehrkosten aufgrund der Arbeitszeiten.

Der Schutz der Böden, Wände und der Türen muss im Transportbereich gewährleistet sein. Hier muss ein erhöhter Aufwand durch Staubschutzwände oder anderen schützenden Maßnahmen der Flure und Räume getroffen werden.

Planung einer neuen Aufzugsanlage in einem neuen Schacht in einem bestehenden Gebäude

Die Planung einer neuen Aufzugsanlage in einem neuen Schacht in einem bestehenden Gebäude unterscheidet sich im Prinzip nicht von dem, was in ▶ Abschn. 2.1 behandelt wurde. Bei einem neuen Schacht müssen die Anforderungen der EN 81-20 eingehalten werden. Alle sich daraus ergebenden Fragen zur Neuanlage sind die Gleichen wie in ▶ Abschn. 2.1, jedoch können die Schnittstellen etwas unterschiedlich sein.

Da im bestehenden Gebäude üblicherweise kein Platz im Inneren für die Erstellung eines Schachtes vorhanden ist, wird gerne die Möglichkeit für den Bau eines Schachts am Gebäuderand an der Außenseite entweder als Betonschacht, als gemauerter Schacht oder als Stahlschacht mit Blech- oder Glasverkleidung erwogen.

Bei einem neuen Schacht an der Außenseite des Gebäudes müssen die Mauerdurchbrüche zum Gebäude genau geplant werden, Anpassungsarbeiten durch einen Maurer oder Maler sind etwas aufwändiger. Sollte es nicht möglich sein, die Komponenten von außen in den Schacht einzubringen, müssen im Gebäude Schutzmaßnahmen von Wänden und Böden getroffen werden. Wird der Aufzug als Durchlader gebaut, dann ist darauf zu achten, dass das Gebäude keine Wärme verliert, da die Schachttüren im Gebäude eine direkte Verbindung zum Schacht haben und dieser wiederum durch die Rauchabzugsöffnung im Schachtkopf eine Verbindung ins Freie hat.

Durch einen geeigneten Vorraum und einer dichten Tür, kann der Verlust verhindert werden. Hierfür benötigt man aber im Gebäude ausreichend Platz. Eine zweite Tür direkt vor die Schachttür zu setzen, birgt die Gefahr, dass sich ein gefangener Raum bildet, d. h. der Raum zwischen den Türen darf 12 cm nicht überschreiten und die Tür zum Gebäude muss zu öffnen sein. Eine Abstimmung mit der notifizierten Stelle ist im Vorfeld sinnvoll.

Die Montage eines Aufzugs in einem Treppenauge ist auch möglich, wenn das Treppenauge ausreichend Platz für einen Schacht und der Aufzugsanlage bietet. Üblicherweise werden hier kleine Aufzugsanlagen im Bereich 4 bis 6 Personen eingesetzt. Die Einhaltung von Zusatznormen wie die EN 81-70 ist in diesen Fällen nicht immer möglich aufgrund des geringen Platzangebots. Aber gerade in Altbauten ist dies nicht primär das Ziel, sondern eine Möglichkeit zu haben, etwas komfortabler in die oberen Stockwerke zu gelangen. Hierbei kann die EN 81-21 unter Umständen zur Anwendung kommen. Abhängig vom Gebäudetyp und den Gegebenheiten vor Ort sollte aber auch hier eine Abstimmung im Vorfeld mit der notifizierten Stelle erfolgen. Die ◘ Abb. 2.15, 2.16, 2.17, und 2.18 zeigen eine Aufzugsanlage in einem Stahlschacht mit Glas verkleidet in einem Treppenauge eingebaut.

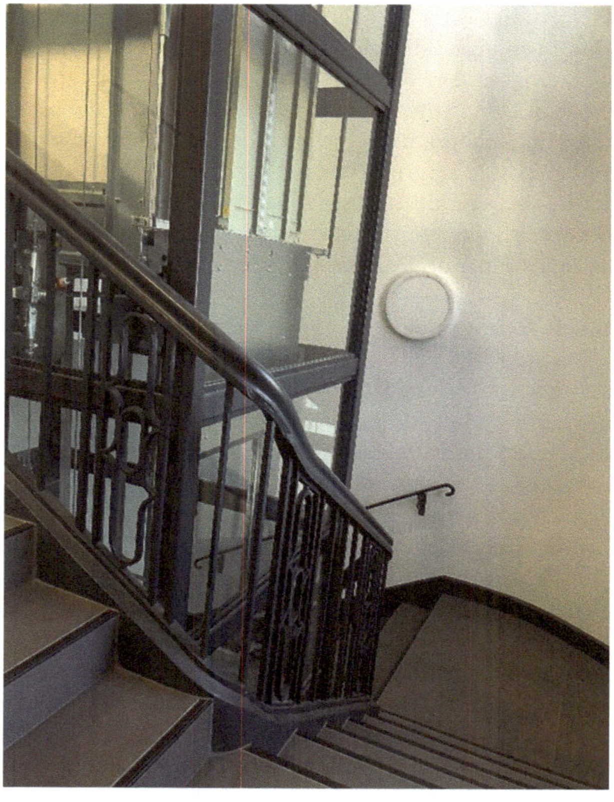

◘ **Abb. 2.16** Schacht im Treppenauge. (Quelle: Autor)

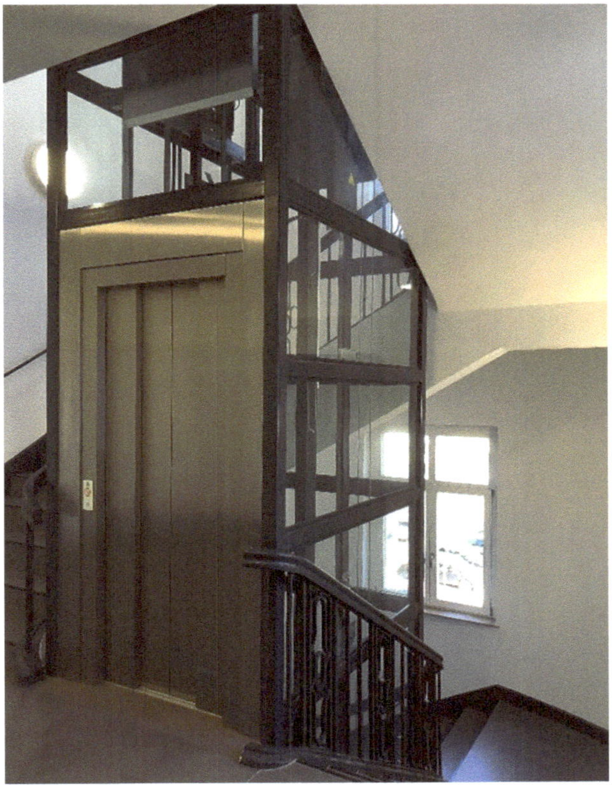

Abb. 2.17 Haltestelle. (Quelle: Autor)

Bei der Planung eines Trommelaufzugs genießt man den Vorteil des nicht vorhandenen Gegengewichts. Die Trommel wickelt das Seil vollständig auf bzw. ab. Durch den Wegfall des Gegengewichtes kann der Fahrkorb etwas größer gestaltet werden. Geeignet ist dieser Aufzugstyp bis zu einer Förderhöhe von ca. 40 m, abhängig vom Hersteller.

2.3 Modernisierung

Bei der Modernisierung einer Aufzugsanlage werden immer nur einige wenige Komponenten ausgetauscht. Es gibt die verschiedensten Gründe für eine Modernisierung. Entweder man möchte die Aufzugsanlage verschönern und den in die Jahre gekommene Fahrkorb erneuern oder die Schachttüren austauschen, weil sie ihre Verschleißgrenze erreicht haben. Soll die Anlage auf dem neuesten Stand der Technik gebracht werden, dann kann die Steuerung ausgetauscht werden oder es wird ein alter Antrieb gegen einen modernen energiesparenden Antrieb getauscht.

Entscheidet man sich für die Verschönerung des Fahrkorbs, dann sollte man zuerst prüfen, aus welchem Baujahr der Fahrkorb ist. Fahrkörbe aus den 50-er oder 60-er Jahren wurden mit Materialien gebaut, die schwerer waren als Fahrkörbe aus der heutigen Zeit. In dieser Zeit wurde auch Asbest für den Bau der Fahrkörbe verwendet. Norma-

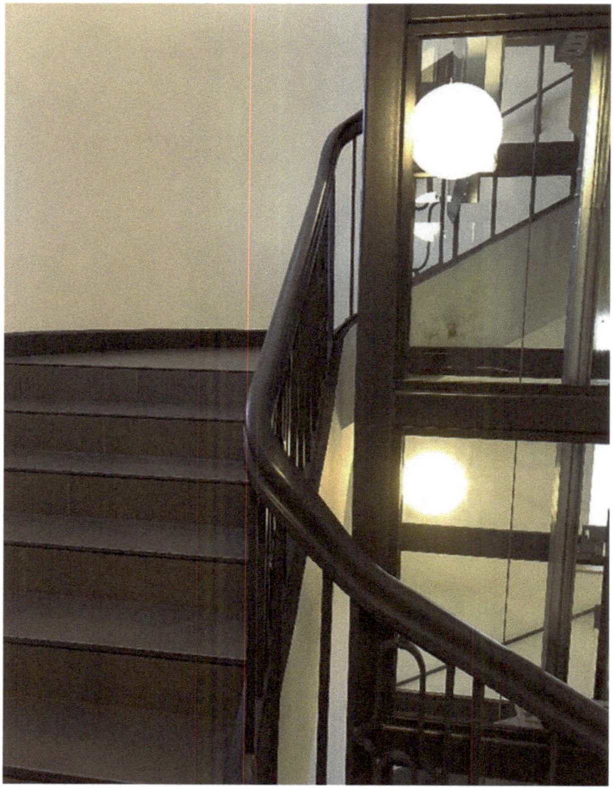

Abb. 2.18 Schacht im Treppenauge seitlich. (Quelle: Autor)

lerweise sollten keine Fahrkörbe mehr Asbest enthalten, denn seit 2003 wird die Prüfung der Aufzugsanlage nach Vorhandensein auf Asbest durch die BetrSichV gefordert. Gemäß der BetrSichV muss der Betreiber einer Aufzugsanlage regelmäßig eine Gefährdungsbeurteilung an seiner Anlage durchführen. Die ermittelten Gefährdungen muss er in einem definierten Zeitraum beseitigen. Die Prüfung, ob Asbest in der Aufzugsanlage vorhanden ist, existiert bereits seit dem Bestehen der BetrSichV aus dem Jahr 2003. Darüber hinaus wird auch in der EN 81-80, *Sicherheitsregeln für die Konstruktion und den Einbau von Aufzügen – Bestehende Aufzüge – Teil 80: Regeln für die Erhöhung der Sicherheit bestehender Personen- und Lastenaufzüge* das Thema Asbest behandelt. Trotz allem muss damit gerechnet werden, dass diese Prüfung nicht durchgeführt wurde und Asbest im Fahrkorb noch vorhanden sein kann. Sollte dies der Fall sein, dann muss der komplette Fahrkorb ausgetauscht werden. Dann besteht die Möglichkeit einen neuen Fahrkorb mit Materialien einzusetzen, der das gleiche Gewicht wie der alte Fahrkorb hat, bestenfalls sogar leichter wird. Dies hätte den Vorteil, dass die komplette Aufzugsanlage nicht neu dimensioniert werden muss.

Entscheidet sich der Bauherr nur für eine neue Fahrkorbverkleidung, muss darauf geachtet werden, dass die Systemgrenzen nicht überschritten werden. Es ist zwar einfach und kostengünstig die vorhandenen Fahrkorbwände beispielsweise mit neuen Edelstahlpaneelen zu verkleiden, jedoch muss das zusätzlich in den Fahrkorb eingebrachte Gewicht berücksichtigt werden. Das bedeutet, dass das Endgewicht des Fahrkorbs ermittelt werden muss. Sollte sich beispielsweise das Gewicht des Fahrkorbs um 300 kg erhöhen, muss bei einer Seilaufzugsanlage das Gegengewicht ebenfalls um 300 kg erhöht werden, denn das Gegengewicht beträgt i. d. R. 45–50 % des Fahrkorbgewichts. Wird dies nicht gemacht, dann stimmt der Lastausgleich nicht und bringt Probleme in den Fahreigenschaften der Anlage. Beides zusammengenommen ergibt ein um 600 kg erhöhtes Gewicht, welches die Seile und den Antrieb stärker belasten. Sind die Systemgrenzen nicht ausgereizt, dann kann die Maßnahme durchgeführt werden. Ist jedoch der Antrieb oder der Fangrahmen für solch ein zusätzliches Gewicht nicht ausgelegt gewesen, muss beides zusätzlich getauscht werden. Diese Maßnahmen könnten den Bauherrn mehr kosten als ein komplett neuer Fahrkorb. Nicht berücksichtigt sind hierbei eventuelle Anpassungen an die Steuerung bei einem neuen und stärkeren Antrieb.

Beim Austausch verschlissener Türen muss darauf geachtet werden, dass die gleichen Türtypen eingesetzt werden. Ein kompletter Türwechsel von Teleskoptüren zu zentralöffnenden Türen ist nicht immer möglich, abhängig von der Schachtbreite. Außerdem würde das einen Umbau des Fahrkorbs nach sich ziehen. Türen müssen nicht immer komplett ausgetauscht werden. Ist ausreichend Platz zwischen den Türblättern untereinander und zum Schacht vorhanden, dann ist ein Belegen der Türblätter mit Edelstahl möglich und kostengünstiger. Sollte man sich für das Belegen entscheiden, sollte auf alle Fälle auch die Türmechanik überprüft werden. Bei alten Türen ist ein Austausch der Türrollen sowie die Türdämpfer immer zu empfehlen.

Zur Erkenntnis, die Steuerung auszutauschen kommt man, wenn die Anlage auf den Stand der Technik gebracht werden soll, keine Ersatzteile mehr zur Verfügung stehen oder zusätzlich geforderte elektrische Funktionen nicht mehr umsetzbar sind. Beim Austausch der Steuerung ist es sinnvoll, die komplette Elektronik zu überprüfen und in diesem Zusammenhang einen Blick in die EN 81-80 zu werfen. In der EN 81-80 sind mögliche Risiken beschrieben sowie Maßnahmen, diese Risiken zu reduzieren, bestenfalls zu eliminieren.

Gehen wir beispielsweise auf den Schutz der Nutzer an Türen ein. An modernen Aufzugsanlagen ist nach der EN 81-20 an der Fahrkorbtür ein Lichtgitter vorhanden, welches die Tür bis zu einer Höhe von ca. 180 cm überwacht. An alten Aufzugsanlagen findet sich häufig ein Lichtstrahl, der die Tür nur in einer definierten Höhe (i. d. R. Kniehöhe) überwacht. Beim Austausch des Lichtstrahls mit einem Lichtgitter nach dem Stand der Technik können diese Nachrüstungen an alten Aufzugssteuerungen nicht mehr vorgenommen werden. In solch einem Fall ist es angebracht, auch die Steuerung auszutauschen, um auch weitere Funktionen umsetzen zu können, die an einer modernen Aufzugsanlage vorzufinden sind.

Eine Modernisierung eines alten Antriebs ist dann gegeben, wenn der Energieverbrauch des neuen Antriebs wesentlich geringer ist oder die Fahreigenschaften des alten Antriebs schlechter werden. Ein neuer Antrieb ist mit einer Frequenzregelung ausgestattet und weist dadurch gute Fahreigenschaften auf. Darüber hinaus kommen heutige Antriebe ohne Getriebe zum Einsatz, dadurch ist die Bauform kleiner, die Wartung des Getriebes entfällt und wie bereits erwähnt, ist der Energieverbrauch günstiger.

2.4 Besondere Anlagen

In diesem Kapitel wird auf einige Aufzugsanlagen eingegangen, die zusätzliche Anforderungen zur EN 81-20 zu erfüllen haben.

2.4.1 Feuerwehrauzüge

Die Anforderungen an Feuerwehraufzüge sind in der EN 81-72, *Sicherheitsregeln für die Konstruktion und den Einbau von Aufzügen – Besondere Anwendungen für Personen- und Lastenaufzüge – Teil 72: Feuerwehraufzüge*, beschrieben. Zusätzlich zur EN 81-20 sind in der EN 81-72 besondere Anforderungen beschrieben, die Feuerwehraufzüge zu erfüllen zu haben. Die in der EN 81-72 beschriebenen Anforderungen sind Mindestanforderungen, von denen man abweichen kann und insbesondere auch in Deutschland abweicht. Viele örtliche Feuerwehren haben abweichende Anforderungen gegenüber den in der EN 81-72 genannten Anforderungen.

Dieses Thema beschäftigt bereits seit Jahren die Aufzugsbranche, dass es keine bundeseinheitlichen Anforderungen an Feuerwehraufzüge gibt. Dies liegt darin begründet, dass die Feuerwehren im technischen Brandschutz nicht bundeseinheitlich organisiert und dementsprechend in der Normung nicht vertreten sind.

Deshalb ist es bei der Planung eines Feuerwehraufzuges dringend ratsam, immer die örtliche Feuerwehr mit in die Planung einzubeziehen. Die Vorgehensweise der Feuerwehren im Brandfall untereinander unterscheidet sich.

Die generelle Anforderung an den Einbau eines Feuerwehraufzugs ergibt sich aus der Muster-Hochhaus-Richtlinie (M-HH-RL). Eine bundesweite einheitliche Regelung gibt es hierzu nicht. Im Regelfall ist ein Feuerwehraufzug notwendig, wenn mindestens ein Aufenthaltsraum 22 m über dem Erdboden vorhanden ist. Die Grenze von 22 m ergibt sich aus der physischen Belastungsgrenze der Feuerwehrleute. Denn nach einem Aufstieg in diese Höhe muss noch ausreichend Kraft für die Feuerwehrleute vorhanden sein, die Löscharbeiten ausführen zu können. Man muss bedenken, dass die persönliche Ausrüstung eines Feuerwehrmanns ca. 30 kg betragen kann. Zusätzlich müssen noch Schlauchkörbe mit einem Eigengewicht von ca. 25 kg mitgenommen werden.

Feuerwehraufzüge müssen einen eigenen Schacht mit einer Feuerwiderstandsklasse von F90 bei Gebäudehöhen bis 60 m und F120 bei Gebäudehöhen größer als 60 m haben.

Sind mehrere Aufzüge in einem Schacht vorhanden, muss der komplette Schacht die Feuerwiderstandsklasse des Feuerwehraufzuges entsprechen. Weitere Anforderungen können sein:

- jede Etage muss einen brandsicheren Bereich haben
- jede Etage muss angefahren werden können
- die Fahrt von der untersten bis zur obersten Haltestelle darf nicht länger als 60 s dauern
- elektrische Ausrüstungen in der Schachtgrubensohle bis zu einer Höhe von 1 m müssen in IP 67 ausgeführt sein.
- Vorhandensein einer ortsfesten Leiter im gesamten Schacht.

Der Fahrkorb und der Vorraum müssen so ausgeführt werden, dass eine Trage ohne große Probleme in den Fahrkorb eingebracht werden kann.

Bei der Planung muss darauf geachtet werden, dass evtl. eintretendes Wasser abgeführt wird. Hierzu sind Erhöhungen (kleine Rampen) vor der Schachttür zu erstellen sowie Drainagerinnen vor den Fahrschachttüren. Sollten Wasserrinnen im Schacht installiert werden, sollte dies mit der ZÜS abgestimmt werden, denn es sollte nicht als aufzugsfremde Einrichtung eingestuft werden. Die Wasserliefermenge, die abgeführt werden muss, sollte bei der örtlichen Feuerwehr erfragt werden. I. d. R. kann man bei nicht gesprinklerten Gebäuden mit 200 l/min rechnen und bei gesprinklerten Gebäuden mit 480 l/min (Annahme: 120 l/min je Sprinklerkopf × 4 Köpfe).

Darüber hinaus können die Feuerwehren den Einbau einer Sichtöffnung in der Fahrkorb- und Schachttür fordern, um einen Einblick in den Vorraum der Haltestelle zu erhalten, wie in den Abb. 2.19 und 2.20 zu sehen. Die Düsseldorfer Feuerwehr fordert in seinen „*Ausführungskriterien für den Bau und Betrieb von Feuerwehraufzügen in Düsseldorf*" eine Öffnung von mindestens 600 cm^2 [2].

Für Feuerwehraufzüge sind Schachttüren nach EN 81-58, *Sicherheitsregeln für die Konstruktion und den Einbau von Aufzügen – Überprüfung und Prüfverfahren – Teil 58: Prüfung der Feuerwiderstandsfähigkeit von Fahrschachttüren* gefordert. In einer Ausschreibung sollte auf diese Anforderung noch einmal gesondert hingewiesen werden.

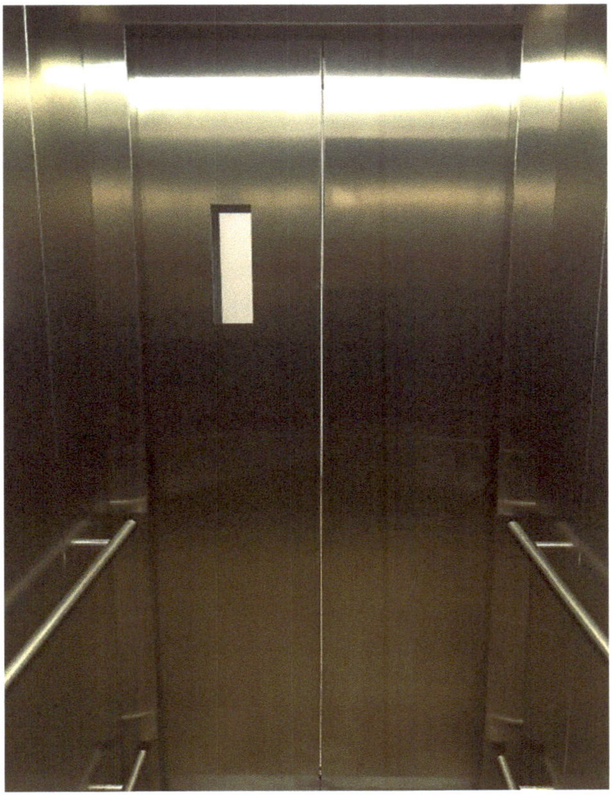

Abb. 2.19 Schauglas in der Fahrkorb- und Schachttür. (Quelle: Autor)

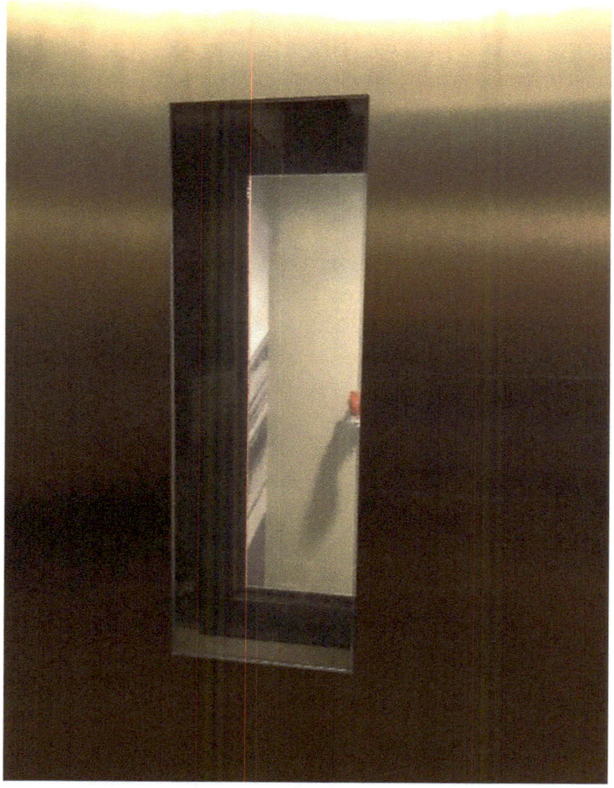

Abb. 2.20 Schauglas. (Quelle: Autor)

Die Aktivierung der Feuerwehrfunktion (Feuerwehrschließung) muss mit einem Schlüssel aktiviert werden können. I. d. R. wird hier die Feuerwehrschließung von der örtlichen Feuerwehr vorgegeben. Der Aufzugshersteller muss sich die Zylinder der Schließung bei der örtlichen Feuerwehr besorgen. Mit der Feuerwehrfunktion werden die zwei Phasen der Feuerwehrsteuerung (Vorzugsruf und Feuerwehrbetrieb) aktiviert, wie in Abb. 2.21 zu sehen.

Feuerwehraufzüge müssen in der Feuerwehrzugangsebene gekennzeichnet sein. Abb. 2.22 zeigt solch eine Kennzeichnung.

Für Feuerwehraufzüge ist eine Ersatzstromversorgung von ca. 8 h vorzusehen. Die Vorgaben der Aktivierung der Ersatzstromversorgung fällt je nach Feuerwehr unterschiedlich aus. Sollte die gebäudeseitige Stromversorgung nach einem Ausfall wieder in Betrieb gehen, muss der Feuerwehraufzug weiterhin mit der Ersatzstromversorgung bis zum Ende des Feuerwehrbetriebs weiter betrieben werden. Dies Ersatzstromversorgung muss dementsprechend dimensioniert werden.

Um eingeschlossene Feuerwehrleute aus dem Fahrkorb befreien zu können, ist eine Notklappe in der Decke des Fahrkorbs von mind. 0,50 × 0,70 m vorzusehen. Die Notklappe ist in den Sicherheitskreis einzubeziehen. Ebenso eine Leiter im Fahrkorb, die

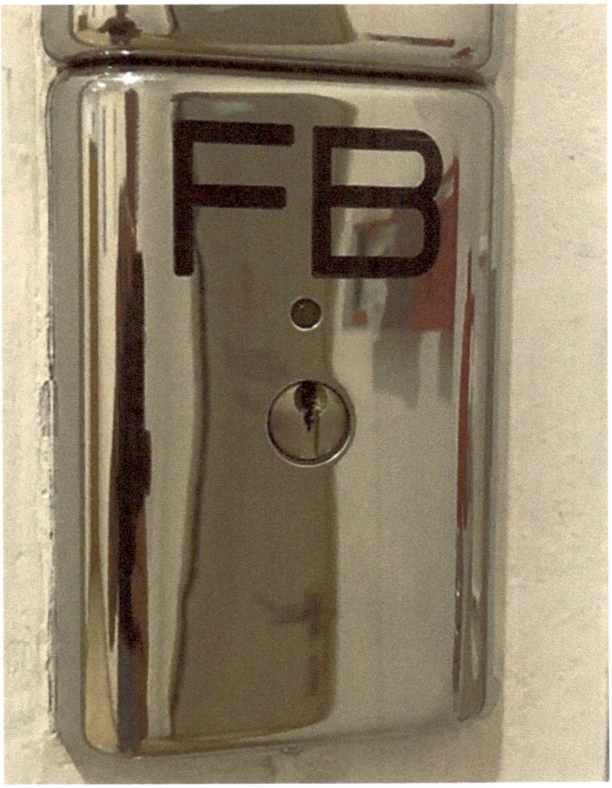

Abb. 2.21 Feuerwehrschließung an der Hauptzugangsstelle. (Quelle: Autor)

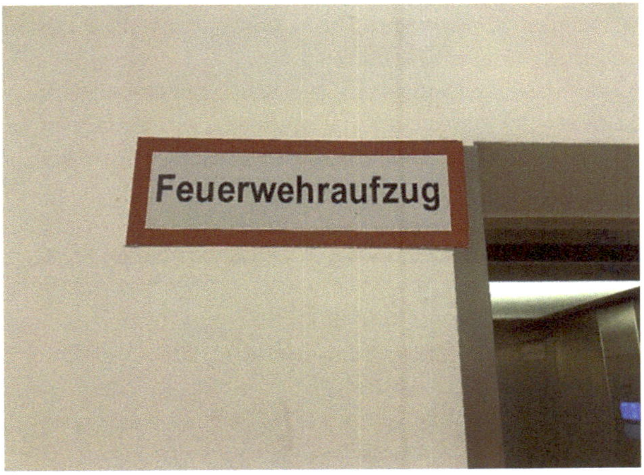

Abb. 2.22 Beschilderung des Feuerwehraufzugs an der Hauptzugangsstelle. (Quelle: Autor)

hinter einer verschlossenen Tür deponiert wird und nur mit der Feuerwehrschließung zu öffnen ist, wie in Abb. 2.4 zu sehen.

Es besteht die Möglichkeit, dass eine im Schacht feststehende Leiter von der Feuerwehr gefordert wird. In der Norm ist diese Leiter nicht mehr vorgesehen, jedoch verlangt die Feuerwehr von Düsseldorf in seinen *„Ausführungskriterien für den Bau und Betrieb von Feuerwehraufzügen in Düsseldorf“* eine ortsfeste Leiter zum Übersteigen vom Fahrkorbdach zur Leiter und von der Leiter zur Schachttür [2].

2.4.2 Aufzüge unter Erdbebenbedingungen

Aufzüge unter Erdbebenbedingungen haben besondere Anforderungen, wenn sie in Gebäuden dauerhaft installiert sind, in denen mit seismischen Ereignissen nach Eurocode 8 zu rechnen ist. Ziel dieser Zusatznorm u. a. ist es:

- den Verlust von Menschenleben zu verhindern
- zu vermeiden, dass Personen im Fahrkorb eingeschlossen werden
- Umweltschäden durch austretendes Öl zu verhindern

Im Anhang A der Norm sind die Aufzugsanlagen in Erdbebenkategorien in Anhängigkeit von der Bemessungsbeschleunigung eingeteilt. Je nach Erdbebenkategorie sind zusätzliche Maßnahme zu berücksichtigen, sofern die Bemessungsbeschleunigung >1 m/s^2 beträgt.

Diese Norm sieht eine Reihe von Zusatzanforderungen vor, die einzuhalten sind, um die in dem Anwendungsbereich genannten Risiken zu minimieren. Um das Verfangen von Schachteinbauteilen wie Tragseile, Hängekabel oder Ausgleichsseile zu verhindern, werden zusätzliche Sicherungen gefordert. Des Weiteren werden Notführungen für den Fahrkorb gefordert, die im Erdbebenfall den Fahrkorb in den Führungen halten.

Zum Schutz der Treibscheiben sind zusätzliche Absperrungen vorzusehen, die ein Abspringen der Seile verhindert. Elektrische Einrichtungen im Schacht müssen so ausgeführt werden, dass sie nicht durch herabfallende Teile beschädigt werden.

Bei Ausfall der Spannungsversorgung sind Vorkehrungen zu treffen, dass der Fahrkorb in die nächstgelegene Haltestelle fahren kann.

Ein Erdbebenerkennungssystem ist in der Schachtgrube oder im unteren Teil des Schachtes zu installieren, welches durch Vibrationen ein Erdbeben erkennen und im Falle der Auslösung den Fahrkorb in eine sichere Position bringen kann.

2.4.3 Aufzüge für Mobilitätseingeschränkte Personen

Die Anforderungen für Aufzüge für mobilitätseingeschränkte Personen sind in der EN 81-70, *Sicherheitsregeln für die Konstruktion und den Einbau von Aufzügen – Besondere Anwendungen für Personen- und Lastenaufzüge – Teil 70: Zugänglichkeit von Aufzügen für Personen einschließlich Personen mit Behinderungen* festgelegt. Diese Norm legt die Mindestanforderungen fest, die notwendig sind, wenn Personen und Personen mit Mobilitätseinschränkungen den Aufzug benutzen müssen und gilt als Zusatznorm zur EN 81-20.

Bei der Ausschreibung von nichtöffentlichen Gebäuden kann die Norm komplett oder in Teilbereichen übernommen werden.

Bei Anlagen in öffentlichen Gebäuden, die nach der DIN 18040-1 geplant werden, muss die Norm komplett angewendet werden.

Die Norm beschreibt 5 Fahrkorbtypen. Der Zugang zum Fahrkorb beim Typ 1 hat eine Mindestbreite von 800 mm. Durch nationale Vorschriften können größere Zugänge gefordert werden. Je nach Fahrkorbtyp ergeben sich unterschiedliche Zugangsbreiten, die in der ◘ Tab. 1.3 der EN 81-70 aufgelistet sind. Folgende Fahrkorbtypen sind möglich [3]:

Typ 1	1000 mm x 1300 mm (450 kg)
Typ 2	1100 mm x 1400 mm (630 kg)
Typ 3	1100 mm x 2100 mm (1000 kg)
Typ 4	1600 mm x 1400 mm
	1400 mm x 1600 mm (1000 kg)
Typ 5	2000 mm x 1400 mm
	1400 mm x 2000 mm (1275 kg)

Der Boden des Fahrkorbs muss rutschhemmend sein und darf aus dem gleichen Material bestehen, wie er für den Flur oder Aufzugsvorraum verwendet wurde [2].

Der Fahrkorb muss an mindestens einer Seitenwand einen Handlauf haben, die Höhe des Handlaufs ist auf 900 mm ± 25 mm über dem Fertigfußboden festgelegt. Um dem Rollstuhlfahrer den Ausstieg aus dem Fahrkorb des Typs 1, 2, oder 3 zu vereinfachen, muss eine Einrichtung an der Fahrkorbrückwand befestigt sein, die eine Sicht nach hinten gewährleistet, um das Rückwärtsfahren zu erleichtern. Dies kann durch einen halbhohen Spiegel an der Fahrkorbrückwand, ab Oberkante des Handlaufs erfolgen oder durch einen kleinen Spiegel an der Fahrkorbdecke.

Werden Aufzugsanlagen beispielsweise in Krankenhäusern eingebaut, wird zusätzlich zum Standardfahrkorbtableau ein querliegendes Tableau eingesetzt. Dieses wird üblicherweise im Handlauf integriert. Die Größe der Taster in diesem querliegenden Tableau betragen 50 mm × 50 mm (Alternativ Ø 50 mm). Für diesen Fall kommt der Anhang B zur Anwendung. Dort sind XL-Befehlsgeber beschrieben. Diese Taster bieten die Möglichkeit, dass Personen mit einer Bewegungseinschränkung an den Armen die Taster leichter betätigen können. Die Anzahl und Art der einzelnen Taster sind identisch mit denen des Standardfahrkorbtableaus an der Seitenwand.

Wenn ein Tableau als Touchscreen-Tableau verwendet wird, muss dies in Verbindung mit einem zusätzlichen Taster, dem Zugänglichkeitstaster, erfolgen. Die Anforderungen hierzu sind im Anhang C zu finden.

Literatur

1. Aufzüge und Fahrtreppen, Dieter Unger, 4. Auflage, Springer Vieweg
2. Ausführungskriterien für den Bau und Betrieb von Feuerwehraufzügen in Düsseldorf, Landeshauptstadt Düsseldorf, Stand 25.06.2021
3. Sicherheitsregeln für die Konstruktion und den Einbau von Aufzügen – Besondere Anwendungen für Personen- und Lastenaufzüge – Teil 70: Zugänglichkeit von Aufzügen für Personen einschließlich Personen mit Behinderungen

Bauüberwachung

D. Unger, *Planungsfibel für Aufzugsanlagen*,
https://doi.org/10.1007/978-3-658-43214-0_3

Nach der Planung der Anlage wird nach Festschreibung des Lieferumfangs der Auftrag an den Aufzugshersteller erteilt. Wenn der Planer mit der Bauüberwachung beauftragt wurde, vergleichbar mit der Leistungsphase 8 nach HOAI, dann muss der Planer alle weiteren Phasen des Projektes begleiten.

3.1 Nach der Auftragsvergabe

Nachdem der Aufzugshersteller den Auftrag erhalten hat, wird er eine Auftragsbestätigung dem Bauherrn zusenden. Danach werden die Anlagenzeichnungen erstellt. Je nach Aufzugshersteller erhält der Bauherr einen Schachtgrundriss, einen Querschnitt durch den Schacht, Fahrkorbzeichnungen und ggfs. Zeichnungen des Maschinenraums, falls vorhanden. Bei einem maschinenraumlosen Aufzug werden in den Schachtkopfzeichnungen die Einbauten für den Antrieb berücksichtigt.

Die Zeichnungen müssen vom Bauherrn oder seinem Vertreter (Planer) freigegeben werden, denn ohne freigegebene Zeichnungen werden keine Komponenten bestellt oder hergestellt. Die in den Zeichnungen festgelegten Höhenangaben der einzelnen Stockwerke müssen geprüft werden. Sollten sich Änderungen im Gebäude ergeben, können diese noch in den Zeichnungen geändert werden. In den Zeichnungen sind weitere Informationen enthalten, die für die Montage der Aufzugsanlage wichtig sind. Angaben über die abzuleitenden Kräfte der Schachtwand und in der Schachtgrube, Angaben über den notwendigen Elektroanschluss sowie die maximale Toleranz der Schachtwände, um den Aufzug gemäß den Zeichnungen einbauen zu können. Die Toleranzen sind sehr eng und geringer als es die üblichen Toleranzen bei Maurerarbeiten und werden je nach Hersteller mit ± 2 cm angegeben.

Wurde eine Bemusterung für die Materialien für den Fahrkorb und die Schachttüren vereinbart, dann muss der Bauherr die Materialien freigeben.

3.2 Bauphase im Neubau

Wenn der Neubau beginnt, sollte der verantwortliche Planer zu Beginn der Bauphase sich die Schachtgrube anschauen und die Maße überprüfen, ob sie mit der Anlagenzeichnung übereinstimmen. Wenn die Schachtgrube noch nicht komplett fertiggestellt ist, können noch Nachbesserungen vorgenommen werden.

Wenn der Schacht wächst, sind je nach Baufortschritt die Türausschnitte nachzumessen sowie zu überprüfen, ob die C-Profilschienen an der richtigen Stelle für die Führungsschienen und die Schachttüren eingebracht wurden. I.d.R. wird auch ein seriöses Aufzugsunternehmen den Baufortschritt überprüfen und die gleichen Tätigkeiten durchführen, jedoch ist der Planer vom Bauherrn für diese Leistungen beauftragt worden und wird sich dementsprechend erst einmal auf seinen beauftragten Planer verlassen.

Sind Bohrungen für die Außenruftableaus notwendig, so ist die Ausführung zu überprüfen. Um dies beurteilen zu können, muss vom Generalunternehmen oder dem Bauunternehmer ein Meterriß im Gebäude angebracht werden. Der Meterriß ist das Maß, dass sich 1 m über dem Fertigfußboden (OKFF) befindet. An diesem Maß orientieren sich die Bohrungen für die Außenruftableaus sowie die Montagehöhe der Schachttürschwellen. Auch andere Gewerke orientieren sich an diesem Meterriß, sofern ihre Maße davon abhängig sind.

Wenn für die Erstellung der Aufzugsanlage andere Arbeiten notwendig sind wie beispielsweise Kernbohrungen, so sind diese ebenfalls zu beaufsichtigen.

Der korrekte Einbau der Montagerüstungen im Schacht muss geprüft werden, sofern sie benötigt werden und im Leistungsumfang vorhanden sind. Dies ist eine Leistung des Aufzugsherstellers und er ist gemäß den UVV auch verantwortlich für seine Mitarbeiter und muss die korrekte Ausführung prüfen, aber einen prüfenden Blick vom Planer soll an dieser Stelle nicht schaden.

Zu Beginn der Bauphase sollte auch an die Beauftragung des Telefonanschlusses für das Notrufsystem gedacht werden, da die Bereitstellung auch mal länger dauern kann.

Zum Ende der Bauphase muss der Originalstrom vorhanden sein, damit die Aufzugsanlage mit dem Originalstrom inverkehr gebracht werden kann.

Ist die Montage der Aufzugsanlage in einem Stahlschacht vorgesehen, sind zusätzlich noch sicherheitsrelevante Punkte für die Inverkehrbringung zu berücksichtigen. Nach der EN 81-20, dürfen sich im Schacht keine Vorsprünge befinden. Diese Vorsprünge können durch die Querstreben im Stahlgerüst entstehen. Sind die Vorsprünge gemäß den Angaben in der EN 81-20 zu tief, besteht die Möglichkeit, dass sich im Schacht aufhaltende Personen (Servicetechniker) daraufstellen und beim Wegfahren des Fahrkorbs darauf verweilen können. Dadurch entsteht eine Absturzgefahr, die verhindert werden muss. Um dies zu verhindern, müssen solche Stellen bspw. mit einem schrägen Blech (45°) verkleidet werden.

Ist das Stahlgerüst mit Glas verkleidet, müssen alle Lücken zwischen dem Glas und dem Stahlgerüst geschlossen sein, ähnlich wie bei einem Fenster. Ist das Glas nur mit Punkthalterungen befestigt, dürfen die Lücken nicht dazu führen, dass reinragende Gegenstände wie Stangen in den Schacht den vorbeifahrenden Fahrkorb nicht beschädigen können. Dies muss durch geeignete Maßnahmen verhindert werden. Eine Abstimmung der Ausführung mit der zuständigen notifizierten Stelle ist zu empfehlen.

3.3 Bauphase beim Bauen im Bestand

Beim Bauen im Bestandsgebäude sind primär die gleichen Tätigkeiten durchzuführen wie beim Bauen im Neubau, sofern ein neuer Schacht im Gebäude errichtet wird. Ob nun der Schacht im Gebäudeinneren oder an der Außenfassade am Gebäude angebracht wird, müssen im Gegensatz zum Neubau zusätzlich die Schnittstellen zum vorhandenen Gebäude überprüft werden. Die Höhen der einzelnen Stockwerke stehen fest und geben das Höhenmaß für die Haltestellen und die Montage der Türschwellen vor.

Da beim Bauen im Bestand das Gebäude nicht mehr grundlegend verändert werden kann, ist die Planung einer Aufzugsanlage ohne Maschinenraum zu empfehlen, es sei denn, es steht ein ausreichender Platz im Dachgeschoß des Gebäudes zur Verfügung, sodass ein Maschinenraum oben über entstehen kann.

Sind zusätzliche Medien im Gebäude notwendig kommt man schnell auf die Frage, ob man diese durch den neuen Aufzugsschacht verlegen kann. Hier kann man direkt auf die EN 81-20 verweisen, aufzugsfremde Einrichtungen dürfen nicht im Schacht verlegt werden.

Beim Bau einer neuen Aufzugsanlage als Ersatzanlage in einem bestehenden Schacht ist darauf zu achten, ob die alten Halterungen für die Führungsschienen in Anzahl und Größe ausreichend sind. Werden zusätzliche Halterungen für Führungsschienen benötigt, müssen sie i. d. R. gebohrt werden. Je nach Beschaffenheit des Schachts ergeben sich hierdurch weitere Maßnahmen, die sowohl zeitlich als auch finanziell berücksichtigt werden müssen. Besteht der Schacht aus Beton, können herkömmliche Dübel für die Anwendung verwendet werden. Bei einem Schacht aus Stein (Kalksandstein, Ziegelstein) müssen Klebedübel verwendet werden. Die Montage der Klebedübel ist zeitintensiver und deshalb auch etwas kostenintensiver. Dies sollte bei der Planung der Montagedauer berücksichtigt werden.

Generell ist beim Bauen im Bestand darauf zu achten, dass die Einrichtungen des Gebäudes nicht beschädigt werden. Zusätzliche Schutzmaßnahmen für Boden und Wände sind einzuplanen. Auch der Materialtransport über die Transportwege ist besonders zu schützen. Die Lagerflächen für das Material sind zu definieren. Sind keine Lagerflächen unmittelbar am Gebäude vorhanden, ist der zusätzliche Mehraufwand durch den Transport zu berücksichtigen.

Wird die Aufzugsanlage in einem bewohnten oder benutzten Gebäude/Büro eingebaut, sind Transportfahrten einzuplanen, um Bewohnern zu definierten Zeiten Fahrten zu ermöglichen. Durch einen Mehrschichtbetrieb sind die Zeiten, an denen keine Fahrten möglich sind, auf ein Minimum zu begrenzen. Dieser Mehraufwand muss bei der Planung berücksichtigt werden.

3.4 Inverkehrbringung und Prüfung vor Inbetriebnahme (PvI)

Ist die Aufzugsanlage fertiggestellt, muss der Aufzugshersteller die Inverkehrbringung nach europäischem Recht durchführen. Nach der Aufzugsrichtlinie ergeben sich verschiedene Möglichkeiten der Inverkehrbringung. Je nachdem für welche sich der Aufzugshersteller entschieden hat, wird die notifizierte Stelle die Aufzugsanlage prüfen und dann inverkehr bringen. Besteht die Aufzugsanlage die Prüfung, so ist sie gemäß europäischem Recht inverkehr gebracht.

Durch die Prüfung nach Aufzugsrichtlinie darf der Aufzug jedoch nicht nach deutschem Recht betrieben werden. Gemäß § 15 der BetrSichV muss die Aufzugsanlage einer Prüfung vor erstmaliger Inbetriebnahme (PvI) in Anlehnung an die TRBS 1201-4 unterzogen werden. Hierbei wird eine Ordnungsprüfung und eine Prüfung am Betriebsort durchgeführt. Der Inhalt dieser Prüfung sind auch im Beschluss des Erfahrungskreis ZÜS (EK ZÜS) in seiner Schrift (BA-009 rev01) nachzulesen. Dabei werden keine Doppelprüfungen durchgeführt.

3.5 Prüfung nach TRBS 1115-1

Eine Prüfung der Aufzugsanlage auf mögliche Cyberbedrohungen ist nach der TRBS 1115, *Sicherheitsrelevante Mess-, Steuer- und Regeleinrichtungen* vor Inbetriebnahme durchzuführen. Festgelegt wurde dies vom Erfahrungskreis ZÜS (EK ZÜS) in seiner Schrift B002-rev01.

3.6 Bauabnahme und Übergabe an den Bauherrn

Der beauftragte Planer wird für den Bauherr und seinem Auftraggeber die Abnahme mit dem Aufzugsunternehmen vornehmen. Voraussetzung ist die mangelfreie Prüfung nach Aufzugsrichtlinie und die mangelfreie PvI.

Danach wird der Planer die vereinbarten Leistungen des Leistungsverzeichnisses auf Einhaltung überprüfen. Hierzu zählen neben der technischen Ausstattung der Aufzugsanlage auch die Übergabe der vereinbarten Dokumentationen wie beispielsweise das Aufzugsuntersuchungsbuch und die Betriebsanleitung. Wurde eine Gefährdungsbeurteilung beauftragt, ist auch diese zu übergeben. Für die Umsetzung hat der Betreiber zu sorgen.

Kann sich nach der Inverkehrbringung noch etwas an der Aufzugsanlage ändern?
Ja, das ist durchaus möglich. Wurde die Aufzugsanlage beispielsweise in einem Stahlgerüst mit einer Verkleidung aus Glas installiert, besteht die Gefahr, dass sich der Schacht als auch der Fahrkorb bei Sonneneinstrahlung aufheizt. Hierdurch können Nutzer beim Eingeschlossensein durch die Hitzeentwicklung Gesundheitsschäden davontragen. Der Betreiber muss nach BetrSichV eine Gefährdungsbeurteilung durchführen und für die sichere Verwendung der Aufzugsanlage sorgen. Die Prüfung nach BetrSichV könnte hierbei beispielsweise ergeben, dass zusätzliche Maßnahmen für die Nutzer zum Schutz vor Sonneneinstrahlung getroffen werden müssen. Als mögliche Maßnahme, um das Risiko zu minimieren wäre der Einbau einer Verschattungsanlage oder der Einbau einer Lüftungsanlage.

Gewährleistung und Wartung

D. Unger, *Planungsfibel für Aufzugsanlagen*,
https://doi.org/10.1007/978-3-658-43214-0_4

Nach der Übergabe an den Bauherr kann eine Wartung mit dem Aufzugsunternehmer vereinbart werden. Es ist zu empfehlen bereits mit der Ausschreibung die Wartungspreise abzufragen.

Bei den Wartungsarten kann zwischen den folgenden unterschieden werden:

- Vollwartung
- Teilwartung

Bei der Vollwartung können Wartungszyklen vereinbart werden (beispielsweise Monatlich, 2-Monatlich) oder man überlässt die Wartungszyklen dem Aufzugsunternehmen, da er verantwortlich für eine funktionierende Aufzugsanlage ist. Den Austausch von Verschleißteilen kann integriert werden, ebenso diverse Reparaturen oder definierte Teilmodernisierungen nach einer vereinbarten Zeit. Da es keine Norm für Wartungsverträge gibt, existieren unzählige Möglichkeiten die immer individuell zwischen den Aufzugshersteller und dem Betreiber vereinbart werden.

Einige Aufzugsunternehmen bieten auch Verfügbarkeiten pro Jahr an. Das bedeutet, dass sie gewährleisten, das die Aufzugsanlage im Jahr beispielsweise zu 98 % zur Verfügung steht. Die restlichen 2 % darf die Anlage aufgrund von Wartungs- und Reparaturarbeiten als auch für die jährlichen ZÜS-Prüfungen außer Betrieb sein. Wichtig ist die Definition der 100 %. In einem Wohnhaus wird die Aufzugsanlage üblicherweise 24/7 in Betrieb sein. Das entspricht 8760 h pro Jahr.

In einem Bürohaus, wo beispielsweise die Aufzugsanlage in der Zeit von 22 Uhr bis 6 Uhr am Morgen ausgeschaltet wird, betragen die Jahresbetriebsstunden nur 5840 h.

Bei einer zustandsgeführten Wartung werden proaktiv Verschleißteile ersetzt, bevor die Aufzugsanlage durch eine Störung ausfällt. Eine Kombination mit einem Messsystem, welches den Zustand der Anlage aufnimmt, erleichtert die Beurteilung des Zustands der Anlage.

Bei der Teilwartung werden zwischen dem Bauherrn und dem Aufzugsunternehmen definierte Wartungszyklen vereinbart. Üblicherweise sind Reparaturkosten separat zu vereinbaren. Darüber hinaus sind Kombinationen mit der Übernahme von Verschleißteilen oder den jährlichen Prüfgebühren möglich.

Auf weitere Einzelheiten über die Vertragsgestaltung wird hier nicht weiter eingegangen.

Die Gewährleistung für eine Aufzugsanlage beträgt nach der VOB 2 Jahre. Sie kann auf 4 Jahre erhöht werden, wenn der Aufzugshersteller nach der Übergabe die Wartung für diesen Zeitraum übertragen bekommt.

Serviceteil

D. Unger, *Planungsfibel für Aufzugsanlagen*,
https://doi.org/10.1007/978-3-658-43214-0

Stichwortverzeichnis

FSC
www.fsc.org
MIX
Papier | Fördert
gute Waldnutzung
FSC® C083411

Kolibri 360 GmbH
Ferdinand-Jühlke-Straße 7
99095 Erfurt, Deutschland
produktsicherheit@kolibri360.de